KB216424

빗물로
모두가
행복한
지구 만들기

빗물로 모두가 행복한 지구 만들기

초판 1쇄 인쇄 · 2024년 9월 20일
초판 1쇄 발행 · 2024년 9월 27일

지은이 · 류은실
펴낸이 · 천정한
펴낸곳 · 도서출판 정한책방

출판등록 · 2019년 4월 10일 제446-251002019000036호
주소 · 충북 괴산군 청천면 청천10길 4
전화 · 070-7724-4005
팩스 · 02-6971-8784
블로그 · http://blog.naver.com/junghanbooks
이메일 · junghanbooks@naver.com

ISBN 979-11-87685-95-1 (03450)

기후 위기 해결의
히든 카드!

교실에서
배우는
소중한
빗물 이야기

빗물로
모두가
행복한
지구 만들기

류은실 지음

지구를 살리는
하늘물 천사들의 활동

저는 25년간 빗물에 대한 오해를 바로잡기 위해 이론적, 실천적 활동을 해온 빗물 박사입니다. 그 과정에서 수많은 활동가들을 만났지만 류은실 선생님은 특히 기억에 남습니다. 7년 전 서울시 세미나와 서울대에서 열린 빗물창의경진대회에서 처음 만난 후, 빗물에 대한 사회적 인식을 바꾸는 동지로서 교류를 이어왔습니다.

오늘날 기후 위기는 누구나 체감하는 문제로, 정부와 과학자들이 다양한 해결책을 제시하고 있지만 저는 지역적 활동과 기후 위기 적응*adaptation*이 더욱 중요하다고 생각합니다. 이 활동은 학생 때부터 시작해야 하며 재미있게 참여할 수 있어야 합니다.

류은실 선생님이 집필하신 이 책은 이러한 새로운 패러다임에 완벽히 부합합니다. 10년간 학생들이 빗물에 대해 과학적·문화적으로 새로운 시각을 발견하도록 지도하며 그 과정에서의 대화를 바탕으로 쉽게 이해할 수 있도록 풀어낸 책입니다. 다른 학교에서도 창의적인 수업을 이끌 수 있는 훌륭한 지침서이기도 합니다.

우리 사회는 빗물에 대해 부정적인 인식을 가지고 있으며 이는 산성비와 같은 오해에서 비롯되었습니다. 이러한 이유로 우리는 매년 홍수와 가뭄을 겪고 있습니다. 이 책은 학생들이 이러한 문제를 스스로 해결할 수 있는 길을 제시하며 이 과정에서 빗물을 '하늘물'로 재정의하는 새로운 인식을 심어줍니다. 이를 통해 학생들은 잘못된 상식을 바로잡고 하늘이 주신 선물을 제대로 활용하는 '하늘물 천사'로 성장할 것입니다.

학교에서 시작된 이 빗물 교육은 기후 위기 극복의 중요한 도구가 될 것이며 'UN Water Action Agenda'에 제안된 'Rain School Initiative' 처럼 전 세계의 주목을 받을 것입니다. 세종대왕의 측우기 정신을 계승해 우리나라가 빗물 관리의 선두 주자가 되는 날을 꿈꾸며 하늘물 천사들의 활동을 적극 지지합니다.

- 서울대 명예교수,
한무영

빗물로 환경을 배우는
우리 교실

　본격적인 여름이 시작되면서 기후 변화와 관련된 뉴스가 끊임없이 쏟아지고 있다. 폭염과 장마 그리고 극단적인 날씨 패턴이 잦아지며 우리는 지구의 변화를 피부로 느끼고 있다. '전국 폭염 특보'와 '휴일 가마솥 더위'라는 뉴스 제목이 이제는 익숙해졌고 '기후 변화 마지노선 1.5℃ 위협'이라는 경고는 우리의 일상을 긴장 속으로 몰아넣는다. 이러한 이상 기후는 단순한 날씨 변화가 아니라 지구가 우리에게 보내는 중대한 경고다.

　이 변화에 대응하기 위해 우리는 각자의 자리에서 최선을 다하고 있다. 과학자들은 연구를 통해, 시민들은 실천을 통해, 교육자들은 교육을 통해 이 문제를 해결하려 하고 있다.

얼마 전 환경 교육 연수에 참여하며 지구 변화가 우리의 삶에 미치는 깊은 영향을 실감했다. 기후 위기를 해결하기 위한 다양한 접근법이 논의되며 환경 교육의 중요성이 날로 커지고 있다. 이와 관련해 효과적인 환경 교육 방법을 고민하는 자리가 많아지고 있다.

이러한 연수에 참여할 때마다 환경 교육의 내용이 너무 방대하고 어떤 주제를 선택해 가르쳐야 할지에 대한 고민이 깊어진다. 다양한 주제를 다루다 보면 아이들에게 실천의 중요성을 아무리 강조해도 그 가르침이 아이들의 일상과 제대로 연결되지 않는 것 같아 늘 아쉬움이 남곤 했기 때문이다.

그러던 중 우연히 시작하게 된 빗물 수업은 나에게 새로운 가능성을 열어주었다. 빗물이라는 주제는 단순히 정보를 전달하는 것을 넘어 아이들이 직접 참여하고 탐구하는 과정을 통해 배우게 했다. 수업이 끝난 후에도 아이들의 기억 속에 오래 남아 그들의 삶에 자연스럽게 스며드는 모습을 보며 이 수업의 특별함을 확신하게 되었다.

'하나라도 제대로 알아보자'는 마음으로 나는 한 해 동안 빗물을 중심으로 한 수업을 꾸준히 진행해 오고 있다. 빗물을 통해 아이들은 물의 소중함을 배우는 데 그치지 않고 물이 자연과 어떻게 연결되어 있으며 환경이라는 거대한 시스템과 어떻게 얽혀 있는지를 체험했다. 예를 들어 빗물을 이용한 염색 과정에서 버려지던 양파 껍질과 포도 껍질을 활용해 쓰레기에 새로운 가치를 부여하고 빗물을 사용해 수돗물 사용을 줄임으로써 에너지를 절약하는 방법도 알게 되었다. 또한 빗물을 이용해 도토리를 키워 숲을 조성하는 활동을 통해 잠재적 탄소 줄이기에도 동참하게 되었다. 이렇게 빗물의 사용은 단순한 물의 활용을 넘어 우리의 삶과 환경의 모든 측면과 깊이 연결되어 있음을 깨닫게 해주었다.

빗물 수업을 통해 빗물에 대한 오해와 편견이 없어진 아이들은 교실에서 빗물을 모아 사용하는 것이 자연스러운 일이 되었고 이는 결국 지구를 위해 실천할 수 있는 작은 행동이 되었다. 빗물이라는 주제는 다양한 교과와 연계되어 수학적 문제 해결부터 과학적 개념 이해까지 폭넓게 확장될 수 있었다. 이를 통해 아이들은 교과 수업뿐만 아니라 환경 수업에서 다루어야 할 주제들도 자연스럽게 배우고 실천할 수 있게 되었다.

이 책은 단순히 올 한 해의 수업 이야기를 담은 것이 아니다. 지난

10년 동안 빗물 수업을 함께한 아이들의 에피소드를 모은 것이다. '우리 반 친구들'은 나와 함께 빗물 수업을 해온 모든 아이들을 의미한다. 이 글을 쓰면서 아이들과 함께했던 수업 활동을 다시 떠올리고 시간이 지나도 빗물 수업의 기억이 여전히 살아 있는 아이들을 보며 이 수업이 그들의 삶에 작지만 깊은 영향을 미쳤음을 느꼈다.

이 책은 단순히 교육자들에게만 의미가 있는 것이 아니다. 교실에서 학생들과 함께한 빗물 수업의 기록일 뿐만 아니라 빗물의 소중함을 잘 모르는 독자들에게도 빗물의 가치를 알리고자 하는 목적을 가지고 있다. 교사라면 이 책을 통해 빗물을 주제로 교실에서 어떻게 수업을 펼칠 수 있는지 알게 될 것이며 일반 독자라면 빗물이 단순한 물이 아니라 기후 위기 시대에 우리가 올바르게 이해하고 활용해야 할 중요한 자원임을 깨닫게 될 것이다. 또한 빗물의 가치를 통해 자연과 조화롭게 살아가는 방법을 고민하는 계기가 되기를 바란다.

자, 그럼 이제 빗물 수업을 시작해 볼까?

- 2024년 10월,
류은실

목차

1장

◊ ◊ ◊

빗물 수업 그려가기

2장

◊ ◊ ◊

빗물 수업 준비하기

**빗물 수업
풀어가기**

**빗물 수업
확장하기**

"선생님, 비 오는 날 아침에 나와 있는 쟤들은
선생님 반 친구들이죠?"
비가 오는 날이면 빗물을 받으러 나오는
우리 반 아이들을 보며 선생님들은 신기해했다.
"그런데 아이들이랑 빗물은 받아서 뭐 하는 거예요?"
"빗물 수업이요."
"그런데 빗물 수업이 도대체 뭔가요?"

빗물 수업이 도대체 뭐냐고요? 그럼 지금부터
빗물 수업 이야기를 한 번 들어 보시겠어요?

빗물로 수업을 해 보자고?

◊ 빗물과의 만남은 우연? 아니 운명!

나는 과학 교과를 좋아한다. 그리고 혼자 하는 과학보다는 여럿이 함께 의견을 나누고 공유하는 활동을 좋아한다. 그러다 보니 매년 근무하는 학교에서 과학동아리를 꾸려 운영하곤 했었다. 그래서 매년 3월은 고민 가득한 달이 된다.

'친구들과 올해는 어떤 주제로 과학동아리 활동을 해 볼까?'

2013년, 그 해도 같은 고민으로 머리를 감싸 쥐고 있었다. 나 혼자는 해결하기 어렵겠다 싶어 과학동아리 친구들과 함께 어떤 주제로 한 해 동안 활동할 지에 대해 이야기를 나누었다. 그러던 중, 재욱이가 내 책상 위를 가리키며 말했다.

"선생님! 근데 빗물을 모아쓸 수 있어요? 비는 산성비라서 맞으면 머리도 빠지고 안 좋다고 하던데."

"그렇지. 비는 산성비지. 선생님도 예전에 학교에서 그렇게 배웠어."

그런데 예원이가 고개를 갸웃거리며 이렇게 말했다.

"근데 선생님! 산성비인지 아닌지 어떻게 알아요? 직접 확인은 해 본 건가요?"

그러게. 산성비라는 말은 많이 들어 왔는데 산성비인 걸 확인해 본 적은 한 번도 없었다.

"그럼 좋아! 우리는 과학동아리니까 한 번 확인해 보자. 빗물은 산성인지 아닌지."

재욱이의 궁금증을 유발했던 책은 《빗물을 모아쓰는 방법을 알려드립니다》였다. 과학동아리 활동 주제로 고민하던 내게 남편이 건넨 책이었다. 이 책은 일본 빗방울연구회에서 빗물을 모아쓰는 다양한 아이디어와 실제 사례를 모은 책이다. 톡톡 튀는 아이디어가 돋보이는 빗물을 모아쓰는 다양한 장치부터 빗물을 깨끗이 활용하는 기술까지 주요 요점과 함께 그림으로 재미있게 표현되어 있었다.

'빗물을 모아서 이렇게도 활용할 수 있구나.'

'그럼 빗물을 모으려면 어떻게 해야 하는 걸까?'

'빗물 장치를 우리 아이들과도 만들 수 있을까?'

책을 읽고 나니 궁금한 것이 많아졌다. 그리고 확인해 보고 싶은 것들이 많아졌다. 이 책을 읽고 나면 친구들이 빗물에 더 많은 관심이 생겨날 거 같았다. 그래서 과학동아리 친구들과 이 책을 함께 읽었다.

"선생님! 빗물을 모아서 다양하게 쓸 수 있네요. 정말 신기해요! 우리도 빗물을 모아 볼까요?"

"일본 사람들은 빗물을 이렇게나 다양하게 모아쓰고 있다는 게 신기해요. 그런데 빗물은 왠지 찝찝한데 더럽지 않나요?"

책을 읽고 난 친구들은 나처럼 궁금한 게 많아졌다. 사실 재욱이의 질문에 대한 답으로 빗물이 산성비인지 아닌지 정도만 검증해 보려고 했던 건데. 결국 《빗물을 모아쓰는 방법을 알려드립니다》는 과학동아리 활동 주제를 '빗물'로 정하는 데 결정적인 역할을 하게 되었다. 가끔 나는 생각한다. '빗물'이라는 주제를 만나게 된 건 우연이었을까? 아니, '빗물'과의 만남은 운명이었다.

◇ 비 오는 날 아침 활동은 빗. 물. 받. 기

우리 반 아침 활동은 독서다. 아침에 등교하면 아이들은 그날의 시간표대로 교과서와 준비물을 책상 서랍에 정리한다. 그리고 학급 문고에서 읽고 싶은 책을 골라 독서하는 것이 우리 반 아침 시간의 루틴이다. 안정적인 학급 운영을 위해 나는 루틴을 굉장히 중요하게 여기는 편이지만 이 루틴이 깨지는 날이 있다. 바로 비 오는 날이다.

내가 운영하는 과학동아리는 우리 반 친구들 중 활동을 함께하고 싶은 친구들과 방과후 자율동아리로 운영하였다. 우리는 빗물을 활동 주제로 정했고 빗물을 탐구하자니 빗물이 필요했다. 비가 오는 날만 되면 13명의 친구들은 빗물을 받을 수 있는 바가지며 플라스틱 대야 등을 들고 밖으로 향했다. 아침 활동의 루틴을 그렇게 중요하게 생각하는 선생님이 비 오는 날 과학동아리 친구들이 밖으로 향하는 것에 아무 말도 하지 않으니 친구들은 이해할 수 있을 듯 이해할 수 없는 마음에 은근한 불만을 제기했다.

"선생님! 과학동아리 친구들은 비가 오는 날엔 아침 활동 안 하는 건가요?"

"동아리 친구들이 빗물을 탐구해야 하는데 빗물은 비 오는 날밖에 못 받아서 선생님이 허락하는 거야."

"그럼 우리도 비 오는 날은 같이 빗물을 받을 수 있게 해 주세요."

빗물로 탐구를 하면서 식물도 키우고 다양한 실험도 해야 했다. 그러다 보니 빗물은 늘 많이 필요했다. 그런데 빗물은 비 오는 날밖에 받을 수 없으니 13명보다는 31명이 함께 빗물을 받으면 탐구에 필요

1장

한 더 많은 빗물을 받을 수 있었다. 게다가 같은 반 친구 13명이 아침 시간에 들락거리는 교실의 어수선한 분위기가 고민이었는데 비 오는 날 아침 활동으로 빗물 받기를 하게 해 달라니! 나로서는 거절할 이유가 없었다.

그렇게 우리 반에는 새로운 아침 활동이 생겼다. 비 오는 날 아침 활동은 빗. 물. 받. 기.

◊ 우리도 같이하면 안 돼요?

우리 반 친구들로 구성된 과학동아리의 실험실은 자연스럽게 교실이 되었다. 빗물의 산성도 측정 실험을 위해 pH시험지, pH측정기를 교실에 두었더니 친구들이 궁금해하며 물었다.

"선생님! 저게 뭐예요? 저걸로 뭐 하려고 하는 거예요?"

"빗물이 산성인지 아닌지 알아보려고 가져다 놓은 거야."

"어? 그거 저도 궁금해요. 그 실험 우리도 같이하면 안 돼요?"

5학년 과학에서는 산과 염기 단원이 있다. 빗물의 산성도를 알아보려면 산과 염기에서 배우는 개념과 산과 염기를 구분할 수 있는 지시약에 대해 배워야 했다. 비 오는 날 아침마다 빗물을 받는 우리 반 친구들에게 빗물이 산성인지 아닌지 알아보는 것은 좋은 수업 주제가 될 것 같았다. 만약 실험을 통해 빗물의 산성도를 함께 확인한다면 빗물의 산성도에 대한 오개념도 바로잡을 수 있을 테니까.

"그래, 그럼 우리 산과 염기와 관련한 단원을 먼저 배워볼까?"

학생들은 교실 환경에 많은 영향을 받는다. 나는 교실 수업에서까지 '빗물'을 주제로 공부할 생각은 없었고 그저 과학동아리 친구들과 '빗물'을 주제로 한 해 동안 재미있는 과학 탐구 활동을 해 보고 싶었을 뿐이다. 그런데 비가 오는 날마다 빗물을 받고 빗물을 탐구할 수 있는 교실 환경이 마련되니 관심이 없던 친구들도 자연스레 관심을 가지기 시작했다.

친구들이 궁금해하고 함께하고 싶어 하니 나도 '빗물'을 어떻게 교과와 연계하여 수업할지에 대해 고민하게 되었다. 수업에 적용하려니 빗물에 대해 좀 더 알아야 할 필요가 있었다. 아무래도 내가 먼저 빗물 공부를 해야 할 것 같았다.

선생님의 빗물 공부

◊ 빗물 수업을 위한 최고의 멘토를 만나다

'빗물'이라는 주제는 나에게 생소했다. 그렇기에 나부터 빗물에 대한 공부가 필요했다. 빗물 공부를 위해 내가 가장 먼저 한 일은 '빗물'과 관련한 책을 조사하는 것이었다. 인터넷 서점에서 '빗물'이라고 검색해 본 결과, 다음과 같은 책들이 나왔다.

《빗물탐구생활》 한무영 저
《빗물과 당신》 한무영, 강창래 저
《지구를 살리는 빗물의 비밀》 한무영 저

《한무영 교수가 들려주는 빗물의 비밀》한무영 저

"어라?" 저자가 모두 같았다. 한무영이라는 분은 어떤 사람인지 궁금해졌다. 그래서 나는 한무영 교수님이 쓴 모든 책을 구입했다. 한무영 교수님은 '빗물 박사'라는 별명을 가진 분으로, 서울대학교 건설환경공학부 교수로 재직 중이며 2001년부터 서울대학교 빗물연구센터를 설립하여 빗물을 연구해 온 진정한 빗물 전문가이자 교육자, 연구자, 환경 전문가이다.

한무영 교수님은 평생 빗물 연구를 통해 빗물에 대한 올바른 이해와 소중한 물 자원으로서의 빗물 가치를 알리기 위해 힘써 오셨다. 친구들과 빗물 수업을 시작하며 빗물로 어떤 활동을 할 수 있을지 그리고 빗물 수업을 통해 친구들에게 어떤 생각과 마음을 심어줄 수 있을지를 고민하고 있었는데 한무영 교수님의 책들은 이러한 고민을 하나하나 해결해 주었다. 한 번도 뵌 적 없는 분이었지만 어느새 교수님은 나에게 빗물 수업을 위한 최고의 멘토가 되었다.

◊ 산성비 괴담을 퍼트리는 것은 이제 그만!

나는 비 오는 날을 좋아하지 않았다. 우산을 챙기는 것도 귀찮고

바짓가랑이를 적시는 눅눅함도 싫었다. 하지만 그보다 비 오는 날을 더 꺼리게 만든 이유는 언젠가 들었던 산성비 괴담 때문이었다. 고등학교 수업 시간, 요즘 내리는 비는 산성비라며 이 산성비를 맞으면 머리가 빠지고 공기 중에는 황산 같은 물질들이 많이 들어 있어 비를 맞고 난 후 옷을 세탁하지 않으면 구멍이 난다는 이야기를 듣게 되었다. 그 이후로 나에게 비는 절대로 맞아서는 안 되는 대상이 되었다. 비가 오는 날이 되면 나는 열혈 잔소리꾼이 되었다.

"얘들아, 비는 절대로 맞으면 안 돼. 비를 맞으면 머리도 다 빠지고 심지어 비를 맞은 옷을 빨지 않으면 구멍도 난다고!"

그렇게 산성비 괴담은 입에서 입으로 전해지며 어느새 우리 반에서도 퍼져 나갔다. 하지만 빗물에 대해 공부하면서 빗물이 머리를 빠지게 하고 비를 맞은 옷을 빨리 빨아야 할 정도의 산성도를 지닌 물질이 아니라는 것을 알게 되었다. 간단한 실험 하나로 빗물이 우리의 일상에서 접하는 액체들보다도 산성도가 낮다는 사실을 증명할 수 있었다. 참 이상하지? 왜 나는, 아니 사람들은 빗물이 산성비라는 말을 아무런 의심 없이 그렇게도 철썩같이 믿었을까?

빗물이 산성비 괴담처럼 그렇게 위험하지 않다는 것을 알게 되었으니 산성비 괴담은 이제 그만해야겠다고 결심했다.

◊ 관점을 달리하니 보이는 빗물의 가치

빗물이 머리를 빠지게 하고 옷에 구멍을 내는 존재라는 것에 대한 오해는 풀렸지만《빗물을 모아쓰는 방법을 알려드립니다》라는 책의 제목처럼 '빗물을 정말 모아써도 괜찮은 걸까?'라는 의심은 여전히 남아 있었다. 빗물을 모아 사용하기 위해서는 우선 그 자체가 깨끗해야 한다. 그렇다면 빗물은 과연 깨끗할까?

한무영 교수님의 책에서는 물의 순환 과정을 통해 빗물이 순수하고 깨끗한 물이라는 점을 설명한다. 물의 순환을 살펴보면 강, 바다, 지표에서 증발한 물이 구름이 되고 결국 비가 되어 내린다. 이 순환의 과정에서 가장 위에 있는 물은 빗물이다. 그러나 이 빗물은 떨어지는 순간부터 공기 중의 다양한 물질과 접촉하게 되며 떨어지는 위치에 따라 처음의 깨끗함을 유지할 수 없게 된다. 특히 수질오염이 심한 지역이나 오염물질이 많은 지표에 떨어지면 빗물은 오염된 물이 될 수밖에 없다.

지표에 떨어진 빗물은 지표로 스며들어 지하수가 되고 강으로 흐르면 강물이 된다. 결국 강물은 바다로 모여들게 되며 하늘에서 멀어질수록 빗물은 처음의 순수함을 잃게 된다. 따라서 빗물은 하늘에서 떨어지는 그 순간이 가장 깨끗한 물이라고 할 수 있다. 이러한 물의 순환 과정을 빗물의 관점에서 차근차근 설명하며 한무영 교수님은 빗물이 깨끗한 물임을 강조한다.

　물의 순환은 4학년 과학 교과에서 다루고 있다. 학생들에게 물의 순환을 가르칠 때 하늘에서 떨어지는 빗물의 관점에서 생각해 본 적은 없었다. 일반적으로 물의 순환을 가르칠 때는 물의 상태 변화를 통한 지속적인 순환이라는 관점에만 초점을 맞췄기 때문이다. 그러나 빗물이 깨끗한지에 대한 의문을 품고 물의 순환을 빗물의 이동이라는 관점에서 바라보니 빗물은 태어날 때부터 깨끗한 물이라는 사실을 깨닫게 되었다.

　이렇게 깨끗한 물이라면 모아쓰더라도 괜찮겠다는 생각이 들었다. 다만 깨끗한 빗물이 더러워지기 전에 잘 받아 활용할 수 있는 방법을 찾는 것이 중요하다는 점도 깨달았다. 관점을 바꾸었더니 보이지 않던 빗물의 가치가 보였다. 이번 빗물 공부는 물의 순환을 새로운 관점으로 바라보게 해 주었다. 그 덕분에 세상에서 가장 깨끗한 수자원 빗물의 가치를 새롭게 발견할 수 있게 되었다.

◊ 빗물을 활용하면 물도, 에너지도 절약할 수 있다?!

《빗물을 모아쓰는 방법을 알려드립니다》 책에서는 빗물을 활용하고자 하는 이들을 위해 설계와 유지관리 요점 그리고 일본의 빗물 이용 사례를 소개하고 있다. 일본 외에도 여러 나라에서 빗물을 어떻게 활용하고 있는지를 살펴보면 우리나라에서는 다소 낯설게 느껴지는 빗물 모으기와 활용이 실제로는 많은 나라에서 유용하게 이루어지고 있다는 사실이 흥미롭다. 그렇다면 다른 나라에서는 빗물을 어떻게 사용하고 있을까?

일본은 도쿄 스미다구에서 빗물 활용을 처음 시작했었다. 이 지역에서는 빗물 저장조를 설치하여 공공시설, 상가, 일반 주택 등에서 빗물을 생활용수와 화재 등의 비상 상황 시 용수로 활용하고 있다. 일본 외에 빗물을 가장 적극적으로 사용하는 나라는 독일이다. 독일은 빗물을 식수로 사용하지 않지만 정원, 화장실, 세차, 청소, 세탁 등 대부분의 생활용수를 빗물로 대체하고 있다. 또한 베를린의 소니센터와 코블렌츠 기술대학 등 다양한 공공기관에서도 빗물을 받아 화장실 용수나 소방 용수로 사용하고 있으며 이러한 활용을 통해 수돗물 사용량을 50%까지 줄일 수 있었다.

수돗물을 생산하려면 상수도 시설이 필요하고 이 시설을 구축하는 데는 막대한 비용이 소요된다. 또한 수돗물 생산에는 돈과 에너지가 들어간다. 반면 빗물을 받아 사용하는 장치는 상대적으로 저렴하게 설치할 수 있으며 빗물을 생활용수의 일부로 활용함으로써 비싼 수돗물 사용을 줄일 수 있어 경제적이다. 양치컵 사용하기, 샤워 시간 줄이기 등 다양한 물 절약 방법 외에도 물을 아끼고 에너지를 절약할 수 있는 또 다른 방법이 바로 빗물 활용이었다. 이번 빗물 공부를 통해 빗물을 활용하는 것이 에너지 절약의 한 방법이라는 것을 알게 되었다.

◊ 기후 위기 인간에게 필요한 빗물 관리

빗물을 활용하는 것만으로도 큰 가치는 있지만 빗물에 대해 공부하다 보면 자주 접하게 되는 단어가 있다. 바로 '물 관리'이다. 이 단어가 자주 등장한다는 것은 그만큼 중요하다는 의미겠지? 그렇다면 빗물과 물 관리는 어떤 관련이 있을까?

최근 매년 여름철마다 서울 한복판에서 홍수가 발생했다는 뉴스를 접하곤 한다. 서울의 중심에서 발생하는 홍수라니! 이러한 홍수는 빗물 관리와 깊은 연관이 있다. 대부분의 도시는 콘크리트와 아스팔트로 덮여 있어 빗물이 땅으로 스며들지 못하고 오염물질과 섞여 하수구로 흘러 들어간다. 그러나 하수도는 일정량의 물만 감당할 수 있도록 설계되어 있기에 비가 예상을 초과해 쏟아지면 하수도가 감당하지 못해 홍수가 발생하게 된다.

도시 홍수를 예방하려면 빗물이 최대한 땅에 스며들도록 하고 한꺼번에 하천으로 흘러드는 속도를 늦추는 것이 중요하다. 이를 위해

투수 블록을 깔거나 식물을 심어 불투수면을 줄이면 빗물이 땅으로 스며들게 할 수 있다. 또한 지하에 빗물 저류조를 설치하여 하천으로 흘러드는 물의 양을 조절하는 것도 효과적인 방법이다.

하지만 물 관리는 단순히 홍수 예방에만 국한되지 않는다. 땅으로 스며든 빗물은 지하수가 되어 우리의 미래 물 자원으로도 활용될 수 있기 때문이다. 우리가 사용할 수 있는 담수의 99%는 지하수인데 무분별한 사용과 도시화로 인해 지하수가 줄어들고 있다. 지하수가 감소하는 것은 미래의 물 자원이 점점 줄어든다는 것을 의미하므로 빗물이 땅속으로 스며들도록 관리하는 것은 매우 중요하다.

빗물 관리만 잘해도 당장 내 삶에 위협이 될 수 있는 재해를 예방하고 미래의 물 부족 현상에 대비할 수 있는 대책이 마련될 수 있다니 놀라웠다. 우리는 기후 위기의 시대를 살아가는 기후 위기 인간이다. 예측할 수 없는 기후 변화가 앞으로 우리에게 어떤 영향을 미칠지 알기 어려운 시기를 살아가는 기후 위기 인간. 그러나 빗물에 대해 공부하면서 확실히 알게 된 것은 기후 위기를 살아가는 우리에게 물을 관리하는 것은 선택이 아닌 필수라는 것이다. 전혀 예측할 수 없는 미래를 살아갈 우리 아이들에게 빗물이 수자원으로서 지니는 가치와 물 관리의 필요성을 깨닫게 하는 것은 매우 중요하다고 확신하게 되었다.

◊ 빗물 수업을 해야 하는 이유를 찾게 해 준 빗물 공부

'빗물'이라는 주제를 통해 친구들과 수업을 시작하고자 할 때 빗물의 산성도 실험과 빗물을 우리 생활에서 활용하는 방법 등을 구상하고 있었다. 하지만 빗물 공부 이후 나는 친구들에게 빗물이 얼마나 가치 있는 소중한 자원인지 알리고 싶다는 생각이 들었다. 또한 '빗물'이라는 주제가 내가 생각했던 것보다 더 다양하고 폭넓은 수업을 구성할 가능성을 지니고 있다는 것을 깨달았다.

빗물은 소중한 물 자원이지만 이에 대한 오해와 무지로 인해 그 가치를 충분히 활용하지 못하는 현실이 안타까웠다. 이러한 안타까움으로 빗물 관리와 활용에 대해 연구하고 알리는 분들도 있다. 하지만 나는 교사로서 내 자리에서 할 수 있는 일을 해야겠다고 결심했다. 수업을 통해 학생들에게 빗물에 대한 올바른 인식과 가치를 가르치자고.

빗물 공부는 어떻게 '빗물'이라는 주제를 수업으로 풀어갈 것인지에 대한 아이디어는 물론, 빗물 수업을 해야 하는 진정한 이유를 찾게 해 주었다.

학생들이 만들어 가는
한 해 살이 빗물 수업

◊ '빗물'에 대해 궁금한 게 뭐야?

과학동아리의 주제로 머무를 뻔했던 '빗물'이라는 주제가 우리 교실의 중요한 수업 주제가 되었다. 빗물에 대해 가르칠 가치가 있다는 것을 빗물 공부를 통해 충분히 알게 되었지만 막상 수업을 '빗물'로 진행하려니 어떻게 풀어가야 할지 고민이 되었다. 초등학생들을 대상으로 한 빗물 수업 사례를 찾기가 어려웠고 한무영 교수님의 책에서 소개한 모든 내용을 친구들에게 다룰 수도 없었다. 우리에게는 배워야 할 교육과정이 있고 그 속에서 이 주제를 잘 풀어나가야 하는데 방법이 고민되었다.

혼자 고민한다고 답이 나오지는 않아서 친구들과 이야기를 나누어 보았다.

"얘들아! 선생님이 너희랑 빗물 수업을 하려고 하는데 빗물에 대해 궁금한 게 뭐야?"

생각보다 친구들은 궁금한 점이 많았다.

"우리가 받은 빗물로 텃밭 식물을 키울 수 있을까요?"

"빗물을 마셔도 될까요?"

"빗물에도 미생물이 들어 있나요?"

"빗물을 받아 쓰면 수돗물을 얼마나 아껴 쓸 수 있을까요?"

"빗물은 비가 오는 날밖에 못 받아 쓰는데 빗물을 많이 받아 깨끗하게 저장할 수 있는 방법은 없을까요?" 등의 질문이 이어졌다.

사실 이전 같았으면 이런 질문들은 교과 진도에 방해가 되는 쓸모없는 질문이라고 흘려보냈을지도 모른다. 하지만 친구들의 질문은 나도 해 보지 않은 것이고 나 또한 잘 모르는 내용들이었기 때문에 한 번 알아보면 좋겠다는 생각이 들었다. 친구들은 이미 빗물을 받아본 경험이 있기에 자신의 경험과 관련된 질문들을 해 왔다. 친구들이 궁금한 내용을 중심으로 빗물 수업을 진행하면 더 즐겁고 열심히 참여할 수 있을 것이라 생각했다. 그래서 친구들의 질문을 엮어 '빗물'이라는 큰 주제 아래 다양한 수업 주제와 활동을 구성할 수 있었다. 학생들이 만들어가는 수업은 상상만으로도 기대되었다.

그런데 한 가지 문제가 있었다. 생각보다 공부할 내용이 너무 많았다. '이걸 다 언제 하지?'

◊ 한 해 살이 빗물 수업

친구들과 계획한 빗물 수업들은 몇 시간, 몇 달 안에 끝날 수 있는 양이 아니었다. 그리고 빗물 수업을 하려면 빗물을 매번 받아야 하고 빗물로 식물을 키우는 것도 계속적으로 빗물과 관련지어 활동할 수밖에 없었다. 프로젝트 수업처럼 일정 기간 쭈욱 하고 '끝!' 하기에 무언가 애매함이 있었다. 그리고 빗물이 정말 가치 있는 자원임을 인식하기까지 친구들이 학급 안에서 지속적으로 체험하고 관계를 맺어가는 활동이 이어지면 좋겠다는 생각이 들었다. 이러저러해서 결국 나는 '빗물'이라는 주제로 한 해를 꾸려가 보기로 했다. 그리고 국어, 사회, 과학 등의 과목을 공부할 때도 '빗물'이라는 주제가 있으니 잘 덧입히면 그야말로 한 해 살이 빗물 수업을 만들어 갈 수 있겠다 싶었다.

그렇게 우리 반 수업에는 '빗물'이라는 단어가 자연스레 입혀지기 시작했다. 실과 시간에는 식물 키우기에도 '빗물로 식물 키우기', 사회 시간에는 여름에 강수가 집중되는 우리나라의 기후 특징을 배우며 '빗물을 관리는 조상들의 지혜'라는 프로젝트를 진행하기도 했다.

그렇게 빗물은 학급 운영과 수업 활동과 맞물려 한 해 동안 아이들의 일상이 되고, 아이들의 수업이 되고, 아이들의 삶이 되었다. 우리 학급을 이끌어 가는 원동력 빗물. 한 해 동안 우리 교실은 빗물로 움직이게 되었다.

◊ 학생들이 배움의 주인공이 되는 빗물 수업

그렇다면 나는 '빗물'이라는 주제를 어떻게 풀어갈 것인지 고민해야 했다. 친구들은 비가 오는 날마다 빗물을 받고 빗물의 수질과 관련해서도 알아보고 싶어 했고 빗물로 식물도 물고기도 키워보고 싶어 했다. 또한 갈 수 있다면 빗물 활용 시설도 방문해 보고 싶어 했기에 학생들의 탐구 활동을 위해 직접 체험하고 경험할 수 있도록 수업을 구상해야 했다.

그리고 내가 빗물에 대한 전문가가 아니기에 필요하다면 전문가의 도움을 받을 수 있도록 도와주는 역할도 해야 했다. 어쩌면 내가해야 할 역할은 수업을 진행해 나가는 것이 아니라 친구들이 자기 주도적으로 빗물이라는 핵심 주제를 통해 배움의 영역을 확장해 나가도록 돕는 도우미가 되는 것이었다. 궁금한 것을 탐구해 나가는 것은 친구들의 몫이고 그것을 돕는 것은 교사인 내가 해야 할 일이라 생각했다.

그를 통해 아이들은 빗물로 우리의 실생활 문제를 해결하는 방법을 찾아가고 미래를 살아갈 우리 아이들에게 빗물이 어떠한 가치를 지니는지를 알아가도록 빗물 수업을 풀어가야겠다는 방향을 잡게 되었다. 친구들의 배움을 누군가와 나누는 기회를 갖는 것도 좋겠다는 생각이 들었다.

'빗물 수업'을 하는 우리 반 친구들은 빗물에 대해 알게 되고 빗물에 대한 일상적 오해도 풀어가며 빗물을 실생활에 활용하는 경험을 통해 빗물이 소중한 자원임을 깨닫게 되었다. 빗물이 소중한 가치를 지닌다면 이런 사실을 우리만 알고 있기에는 아까웠다. 그래서 주변 사람들의 빗물에 대한 부정적 인식을 바꾸기 위해서는 캠페인을, 빗물에 대해 과학적 검증을 거쳐 탐구한 내용 나눔은 부스 활동을, 빗물을 활용하는 좋은 점을 알리기 위해서는 영상 자료 제작 등의 활동을 통해 배움을 확장할 기회도 가져야겠다고 생각했다. 이제 '빗물 수업'을 할 준비가 어느 정도 된 것 같다는 생각이 들기 시작했다.

내가 지금도 빗물 수업을 하는 이유

◊ 이만하면 성공한 빗물 수업

2013년 처음으로 빗물 수업을 시작하게 되었다. 한 번도 해 보지 않은 활동이기에 이렇게 하면 되나? 이게 맞는 거야? 나에게 끊임없이 물으며 진행했다. 하지만 생각보다 아이들의 반응은 좋았다. 아니, 한 해를 되돌아보면 빗물 수업은 이만하면 성공적이었다.

비 오는 날이 되면 우천로 처마와 우수관마다 우리 반 친구들이 자리 잡고 있었다. 하늘을 쳐다보며 뭐가 그리 즐거운지 깔깔거리며 빗물을 받는 그 시간이 아이들에게 참 즐거워 보였다. 빗물을 받으며 즐거워하는 아이들의 모습을 보며 저 모습만으로도 '빗물 수업'은 성공적이라고 생각했다.

사실 이렇게 친구들이 빗물에 대해 거리낌 없이 다가갈 수 있었던 건 '빗물은 산성비다', '빗물은 깨끗한 물이 아니다'라는 오해를 풀었기 때문이다. 이 오해를 풀고 나서 친구들은 모은 빗물로 식물도 키우고 금붕어도 길렀다. 그리고 '교실에서 빗물을 어디에 쓸 수 있을까?' 고민하다 청소 용수로도 활용하기 시작했다. 사회 시간에 기후를 배우며 봄의 가뭄과 여름의 홍수 문제와 같은 주제를 배울 때도 빗물 관리와 관련지어 해결법을 제시할 수 있었다. 서울대 빗물 텃밭 방문과 우리 학교의 빗물 저금통 만들기까지 이어졌다.

빗물 수업은 재미를 넘어 의미 있는 배움으로 친구들의 삶의 한 장면이 되어가고 있었다. "선생님! 이번에는 어떤 주제로 빗물 수업을 하나요?"

◊ 뜻밖의 기회

"선생님, 비 오는 날 아침에 나와 있는 쟤들은 선생님 반 친구들이죠?" 비 오는 날이면 빗물을 받으러 나오는 우리 반 아이들을 보며 다른 선생님들은 신기해했다. 그리고 대체 저 반에서는 뭘 하는 건지 궁금해했다.

"선생님! 빗물로 식물을 키우면 잘 크나요?"

"빗물로 금붕어를 키우면 금붕어가 잘 사나요?"

"선생님! 아이들이랑 식물 키우고 금붕어 키우는 거 말고 도대체 어떤 수업을 해요?"

선생님들은 '빗물 수업'에 대해 궁금해했다. 한 해를 마무리할 즈음, 교장 선생님께서 나를 부르셨다.

"혹시 선생님이 했던 빗물 수업으로 환경 교육 연구학교를 운영해 볼 생각은 없나요?"

선생님들과 교장 선생님의 지원으로 연구학교 계획서를 쓰게 되었다. 과연 이 주제가 선정될 수 있을까? 빗물에 대해 부정적인 인식을 가진 사람들도 많았기 때문이다. 하지만 그건 걱정일 뿐이었다. 나는 '빗물 활용 교육'이라는 주제로 우리 교실을 넘어 우리 학교 전체 선생님들과 함께 빗물 수업을 진행할 수 있는 뜻밖의 기회를 얻게 되었다. 빗물은 소중한 자원이며 우리 친구들의 미래를 책임질 물 자원이라는 사실을 동료 선생님들과 함께 교육할 수 있게 된 것이다.

'빗물 활용 교육'이라는 주제로 연구학교를 운영하게 되면서 빗물 수업의 장을 확장할 수 있었다. 연구학교 운영에 도움을 받기 위해 한무영 교수님과 서울대 빗물연구센터와 인연을 맺게 되었으며 빗물 활용의 선두 주자인 수원시청과 MOU도 체결하고 방문할 기회를 가졌다. 이를 통해 학생들에게 빗물 활용의 실제를 보여줄 수 있었다.

연구학교 운영을 통해 학교에는 친구들과 제작했던 빗물 저금통보다 조금 더 많은 빗물을 저장할 수 있는 빗물 저금통이 생겼다. 이 빗물 저금통의 빗물을 활용해 학교 텃밭에 배추도 키우고 천연 염색도 하며 빗물 놀이터 체험 활동도 진행할 수 있었다. 또한 1~6학년 학생들의 수업에 적용할 수 있는 빗물 활용 프로그램들도 선생님들과 함께 개발할 수 있었다.

빗물을 주제로 한 연구학교 운영이라는 뜻밖의 기회 덕분에 우리 반 친구들만의 빗물 수업이 아닌, 우리 학교 모든 친구들과 함께하는 빗물 수업이 되었다.

◊ 선생님은 정말 중요한 일을 하고 있습니다

조금 특별한 주제로 환경 수업을 진행하는 덕분에 우리 학교 활동에 관심을 가져주시는 분들이 많아졌다. 그 덕에 여러 곳에서 '빗물'을 주제로 한 학교 교육 활동을 소개하는 기회가 생겼다. 2016년 7월, 서울시 주최로 열린 물순환 관리 국제 심포지엄에서 우리 학교의 '빗물 활용 교육' 운영 사례를 나누게 되었다. 빗물과 관련해 조금이라도 관심이 있는 사람들이라면 한 번쯤 들어봤을 법한 유명한 분들을 이 자리에서 모두 만나게 되었다. 한무영 교수님, 황성연 PD님, 마이클

크라빅 회장 등 인터넷 자료와 책으로만 접했던 대단한 분들을 직접 만나게 되다니 정말 벅찬 일이었다. 게다가 국내외 전문가들 앞에서 우리 학교 사례를 발표할 수 있는 꿈만 같은 기회까지 생겼다.

이 자리에서는 미국, 이스라엘, 슬로바키아, 우리나라의 빗물 이용 사례와 물 관리 및 물 절약 사례도 들을 수 있었다. 심포지엄 발표가 끝난 후 이스라엘에서 물 관련 산업 컨설팅 및 대표를 맡고 있는 라단 아닌과 잠시 대화를 나눌 기회가 있었다. 이스라엘은 국토의 60%가 사막이며 강수량도 적어 물이 부족한 국가이기 때문에 물을 절약할 수 있는 기술 개발이 필수적이라고 했다. 하지만 그보다 더 중요한 것이 있다고 하며 나에게 꼭 이 말을 전하고 싶다고 했다.

"물을 절약하는 기술을 개발하는 것도 중요하지만 어릴 때부터 물을 절약하는 습관을 기를 수 있는 교육이 더 중요해요. 선생님은 정말 중요한 일을 하고 있습니다."

⬥ 2024 현재, 빗물 수업은 진행 중

얼마 전 2017년 빗물 수업을 함께했던 승민이를 만났다.
"선생님! 아직도 빗물로 수업하세요?"
"응. 지금도 하고 있어."

"그런데 6학년 때 가장 기억에 남는 게 빗물 받던 거예요. 지금도 비 오는 날이면 친구들과 함께 빗물을 받던 게 생각나요."

빗물을 시작으로 승민이와 많은 추억을 나누었다. 방울토마토를 빗물로 키우던 일, 장마에 비를 받으러 나갔다가 옷이 다 젖었던 일 그리고 빗물 활용 시설을 견학하기 위해 수원시청을 방문했던 일까지.

"그런데 선생님! 선생님은 왜 빗물 수업을 계속하고 계시는 거예요?"

"빗물이 착하다는 걸 알려주고 싶어서."

한 번 자리 잡힌 대상에 대한 인식은 쉽게 바뀌지 않는다. 어쩌면 빗물이 그런 존재일지도 모른다. 나 또한 누군가에게 들은 빗물에 대한 부정적인 이야기들을 또 다른 누군가에게 전하는 사람이었다. 하지만 내가 아는 빗물은 착하다. 하늘에서 내려오는 가장 깨끗한 물이며 모든 물의 시작이다. 빗물을 잘 활용하면 우리 친구들이 살아갈 미래의 소중한 자원으로 사용할 수 있다.

직접적인 체험을 중심으로 하는 빗물 수업 활동을 통해 아이들은 착한 빗물에 대해 배워갈 것이라는 기대를 해 본다. 친구들과 함께 궁금한 문제를 해결하기 위해 의논하고, 찾아가고, 해결했던 경험들을 통해 미래를 살아갈 역량도 키워갈 수 있을 것이라 생각한다. 착한 빗물은 소중한 자원이기도 하지만 우리 친구들에게 미래를 살아갈 역량을 키워주는 중요한 핵심 주제이기도 하다.

"선생님! 비 받아 와도 돼요?"

비가 오는 날이면 친구들이 나에게 묻는 말이다. 그렇다. 2024년 현재, 우리 반에서는 또다시 빗물 수업이 진행되고 있다.

빗물 수업 준비하기

2장

빗물 수업의 시작은
과학동아리 친구들과의 빗물 탐구에서
비롯되었고 우연한 기회에 우리 반 수업으로까지
이어지게 되었다. 친구들과 함께 한 해 동안
빗물 수업을 진행하며 나는 빗물로 수업을 꾸준히
이어가고 싶다는 생각이 들었다.
나는 교사의 의도나 계획에 따라 진행되는 수업이 아니라
빗물 수업을 처음 시작할 때처럼 자연스럽게 친구들이 참여하고
만들어 가는 수업을 하고 싶었다. 그래서 매년 학기 초마다
빗물 수업을 의도했지만 나의 의도가 드러나지 않고 친구들이
자연스럽게 빗물의 매력에 녹아 들어갈 수 있도록
준비를 시작한다.

빗물 받기는 빗물 수업으로의 초대

◊ 여기 빗물이 많이 나와요

"얘들아! 선생님이 빗물 받으러 갈 건데, 같이 갈래?"

3월 내내 나는 비가 오기를 손꼽아 기다렸다. '언제 비가 올까?' 하늘만 바라보게 된다. 비 오는 날은 정말 반가웠지만 그 기쁨을 최대한 숨기고 친구들에게 빗물을 받으러 가자고 권한다. 신기하게도 아이들은 선생님이 함께 가자고 하니 의아해하면서도 따라나선다. 금세 의아함이 사라지고 아이들은 내 옆에서 깔깔거리며 빗물을 함께 받고 있다.

"선생님! 빗물은 왜 받는 거예요?"

"빗물이 식물에게 보약이라고 하더라. 그래서 빗물을 받아서 식물에게 주려고."

"그래요? 우리 교실엔 식물이 많으니 빗물이 많이 필요하겠네요."

선생님이 필요하다고 하면 친구들은 열심히 빗물을 받아 준다. 하지만 빗물을 받는 일이 그렇게 쉬울까?

"선생님! 비 오는 데 바가지를 두니까 물이 얼마 안 받아지는데요?"

"어디 가서 받아야 잘 받을 수 있을까요?"

빗물을 받자고 나왔지만 빗물 받는 방법에서 난관에 봉착하게 된다.

그러던 중 일부 친구들이 "여기 빗물 많이 나와요!"라고 외치며 학교 건물 곳곳의 우수관을 찾아 빗물을 받기 시작한다.

처음 빗물을 받으러 나가는 날은 충분한 양의 빗물을 받지 못하는 경우가 많다. 하지만 나는 이렇게 저렇게 하라고 알려주기보다는 친구들의 다양한 빗물 받기 방법을 존중하며 최대한 다양한 방법을 시도해 보자고 한다.

"선생님! 빗물 받기가 쉽지 않네요. 그런데 다음에는 좀 더 잘 받을 수 있을 것 같아요."

"저는 다음에 빗물을 받을 통으로 좀 더 높이가 낮은 것을 들고 와야겠어요."

자연스럽게 친구들은 다음 빗물 받는 날을 기다리며 빗물을 받기

2장

위해 나름의 아이템을 모으기 시작한다. 플라스틱 통, 바가지, 작은 대야 등이 친구들의 사물함에 자리 잡게 되었고 받은 빗물을 저장하기 위해 페트병과 뚜껑이 있는 플라스틱 통들이 교실에 하나둘 등장하기 시작한다.

그렇게 3월은 비가 오는 날 빗물을 받는 활동을 통해 학생들이 자연스럽게 빗물과 친해질 수 있는 기회를 갖는 시간이다. 3월 한 달 동안 빗물을 몇 번 받고 나면 비 오는 날 아침마다 친구들은 이렇게 묻는다.

"선생님! 빗물 받으러 가도 되나요?"

이렇게 학생들이 빗물을 받는 것에 익숙해지기 시작하면 비 오는 날마다 교실에는 빗물을 담은 바가지들이 나란히 줄을 서게 된다. 그 덕분에 교실에는 비가 오는 날에 비례해 빗물의 양이 많아지기 시작했다. 그러면 나는 자연스럽게 친구들에게 제안할 수 있다.

"우리가 모은 빗물로 무엇을 해 볼 수 있을까? 우리 빗물에 대해 좀 더 알아보지 않을래?"

2장

책 읽기로 알아보는 빗물!

◊ 빗물에 대해 본격적으로 알아가기 시작하는 이 순간

　빗물로 수업을 해 보아야겠다고 결심한 후 나는 빗물 수업을 위한 공부를 시작했다. 다양한 인터넷 자료도 있었지만 주제에 대해 명확하고 체계적으로 알려줄 수 있는 가장 좋은 자료는 책이라고 생각했다. 그래서 '빗물'에 관한 모든 책을 읽어보기로 했다. 책을 읽으면서 궁금한 점이 많아졌고 확인해 보고 싶은 것들도 생겼다. 빗물에 대한 학생들의 궁금증을 더 자극하기 위해서는 배경지식을 넓힐 필요가 있다고 생각했다. 그래서 본격적인 빗물 수업 전, 빗물에 대한 책읽기를 시작한다.

우리 반 학급 문고에는 같은 종류의 책들이 여러 권 꽂혀 있다. 특히 교과와 연계하여 수업에 활용되는 책들을 책 짝 모둠 수에 맞게 준비해 두는데 '빗물'에 관한 책들도 구비해 두었다. 우리 반에서는 책 짝을 정해 2명씩 짝을 지어 작은 모둠을 형성하고 책을 읽을 때마다 머리를 맞대고 앉아 한 줄씩 번갈아 가며 읽는다. 이 방법을 선택한 이유는 혼자서 책을 읽을 때보다 서로의 소리에 집중함으로써 집중력을 유지하고 책의 정보를 더 잘 기억할 수 있기 때문이다. 또한 함께 읽으면 모르는 단어나 이해되지 않는 내용을 서로 질문하고 답하며 읽기 때문에 이해도가 높아진다.

빗물과 관련한 배경지식을 넓히기 위해 선정된 책들은 아침 독서 시간이나 국어 시간을 활용해 읽는다. 반 전체가 함께 읽기로 선정된 책 외에도 빗물과 관련한 다른 책들도 학급 문고에 준비해 두어 학생들이 항상 가까이 접할 수 있도록 한다.

나는 친구들이 책을 통해 '빗물'에 대해 본격적으로 알아가기 시작하는 이 순간이 가장 기대된다. 친구들은 책을 통해 빗물과 얼마나 친밀해졌을까? 그들은 빗물에 대해 어떤 것들이 궁금했을까? 빗물과의 본격적인 만남 후 친구들의 모습은 어떤 모습일지 상상하는 이 시간은 늘 나를 설레게 한다.

질문으로 시작하는 빗물 수업 만들기

◊ 항상 새로운 빗물 수업

　'빗물 수업'을 시작하던 해, 어떤 내용을 어떻게 엮어갈지 몰라 고민하던 내게 수업할 거리를 제공했던 것은 바로 친구들의 질문이었다. 이후 '빗물'을 주제로 수업을 구성할 때마다 학생들의 질문을 바탕으로 내용을 결정하고 있다. 같은 주제의 책을 읽더라도 학급의 구성원이 달라지면 질문 내용도 조금씩 차이가 나기 때문에 '빗물 수업'은 같은 주제를 다루지만 구성원이 변화함에 따라 내용이 달라질 수밖에 없다. 그래서 '빗물 수업'은 항상 새롭다.

친구들의 질문을 바탕으로 빗물 수업의 내용을 구성하기까지는 다음의 3단계 과정을 거친다.

1단계. 빗물에 대해 무조건 질문하기

활동 단위 모둠

준비물 접착식 메모지, 4절지, 필기구

활동 방법

1. 빗물 관련 책 내용과 평소 궁금했던 질문을 접착식 메모지에 적는다.

2. 한 장당 하나의 질문만 적는다.

3. 4절지에 질문을 붙이면서 비슷한 질문끼리 같은 줄에 정리한다.

이 활동에서 가장 중요한 것은 각자가 궁금한 것을 최대한 많이 적을 수 있도록 하는 것이다. 이는 질문의 유창성을 이끌어내기 위함이며 다른 친구와 비슷한 답을 썼거나 내용이 조금 엉뚱하더라도 제한할 필요가 없다. 빗물과 관련된 어떤 질문이든 자유롭게 하도록 했다. 많은 질문이 생성될수록 좋은 질문도 더 많이 나올 수 있기 때문이다.

2단계. 질문 유목화하기를 통해 모둠 핵심 질문 도출하기

활동 단위   모둠

준비물   질문이 붙어 있는 4절지, 매직

활동 방법

1. 개인 질문을 적으며 각자의 판단에 따라 유목화시켜 놓은 질문들을 모둠원들과 토의
   한 후 재정비한다.

2. 모둠원들과의 협의를 통해 각 유목화한 질문들을 구체적이고 명확하게 나타낼 수 있
   는 핵심 질문을 만든다.

3. 모둠 핵심 질문을 유목화한 각 질문들의 맨 위에 적는다.

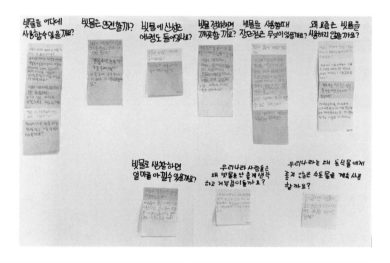

1단계에서는 친구들이 다양한 질문을 쏟아낸다. 이 질문들을 유목화하고 핵심 질문을 도출함으로써 '빗물'에 대한 질문들이 더욱 체계적으로 정리된다. 이를 통해 친구들은 빗물을 주제로 어떤 학습 주제를 배우면 좋을지 쉽게 파악할 수 있으므로 이 단계는 질문을 바탕으로 수업을 만드는 데 있어 가장 중요한 단계라고 할 수 있다. 또한 모둠원들과 함께 질문을 나누고 유목화하며 핵심 질문을 도출하는 협력적 학습 과정을 통해 의사소통 능력과 협업 능력의 향상도 기대할 수 있다.

3단계. 핵심 질문을 통한 '빗물 수업' 내용 구성하기

활동 단위   학급 전체

준비물   허니컴 보드, 보드마카

활동 방법

1. 모둠별 핵심 질문을 허니컴 보드에 적는다.

2. 허니컴 보드를 칠판에 붙이면서 다른 모둠의 핵심 질문을 살펴보고 내용이 비슷한 질문끼리 연결하여 핵심 질문을 유목화한다.

3. 1차적으로 유목화된 핵심 질문들을 교사와 학생들이 함께 살펴보며 재정비한다.

4. 각 유목화된 핵심 질문들을 주제별로 정리해 '빗물 수업' 내용을 구성한다.

2장

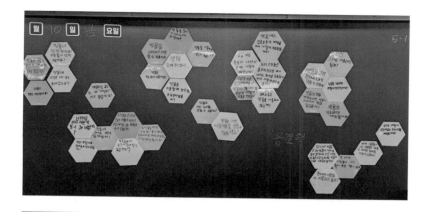

친구들의 질문으로 '빗물 수업'의 소주제들이 다음과 같이 구성되었다.

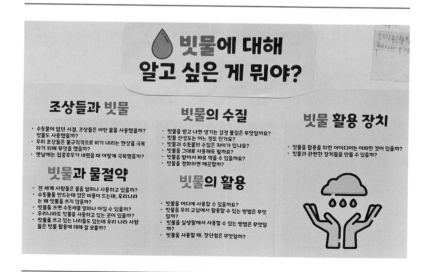

이렇게 구성된 수업의 내용들은 아침 시간이나 점심시간과 같은 학교 시간 속 틈새 시간에 이루어지기도 하고 교육과정 재구성을 통해 교과속에서 이루어지기도 한다.

6학년 8반 빗물 수업 계획

핵심 주제			빗물에 대해 알고 싶은 게 뭐야?	
활동 주제	차시		활동 내용	시수확보
빗물의 수질	빗물의 산성도 (4월4주)	1~2/6	· (핵심 질문) 빗물 산성도는 어느 정도인가요? - 빗물에 대한 인식 알아보기 - pH시험지를 활용하여 빗물과 수돗물의 산성도 측정하기 - 생활 속에서 사용하는 액체들의 산성도를 측정하여 비교하기 - 실험을 통해 알게 된 사실 나누기(패들렛)	창체(2)
	빗물과 수돗물의 수질 비교 (5월2주)	2~4/6	· (핵심 질문) 빗물과 수돗물의 수질은 차이가 있나요? - 수질을 측정 방법에 대해 알아보기(TDS,pH,DO,대장균 측정) - TDS가 무엇이며 TDS의 측정 기준 알아보기 - 빗물과 수돗물의 TDS 측정하기 - 수질측정키트를 활용해 수돗물과 빗물의 수질 비교 (pH, DO, 대장균) - 실험을 통해 알게 된 사실 나누기	창체(2)
	식수로서 빗물 (6월3주)	5~6/6	· (핵심 질문) 빗물을 받아서 먹어도 될까요? - 빗물의 수질 검사 의뢰(사전) - 빗물을 식수로 사용하는 사례 탐구 - 빗물을 식수로 사용할 수 있을지에 대한 의견 나누기	창체(2)
빗물의 활용	생활 속 물 사용 (5월 4주)	1/11	· (핵심 질문) 빗물을 어디에 사용할 수 있을까요? - 그래프로 알아보는 물의(상수도) 활용 - 그래프로 알아본 내용을 통해 생활 속 빗물을 사용할 수 있는 영역은? - 내가 생각하는 빗물 사용 방법 공유하기	수학(1)
	우리교실 빗물 활용 아이디어 (6월1주)	2~3/11	· (핵심 질문) 빗물을 우리 교실에서 활용할 수 있는 방법은 무엇일까요? - 우리 교실에서 물을 사용해야 하는 곳은 어딘지 파악하기 - 우리 교실에서 빗물을 사용할 수 있는 아이디어 내기 - 우리 교실 빗물 활용 아이디어로 빗물 활용 실천 내용 선정하기	실과(1) 창체(1)
	우리교실 빗물활용	일상생활 중	· (핵심 질문) 빗물을 우리 교실에서 활용할 수 있는 방법은 무엇일까요? - 우리가 정한 빗물 활용 영역 당번 정하기 - 빗물 활용 영역별 지속적 빗물 활용 해 보기 - 빗물 활용 후기 나누기(학기말)	상시
	빗물활용 장단점 파악하기 (6월2주)	4/11	· (핵심 질문) 빗물을 사용할 때, 장단점은 무엇일까요? - 교실에서 빗물을 사용해 보니 불편했던 점에 대해 나누기 - 이러한 불편함을 해소하기 위한 해결점에 대한 생각 나누기	실(1)
	창의적 빗물받기 공모전 (7월1주)	5~11/11	· (핵심 질문) 손쉽고, 창의적으로 빗물을 받을 수는 없을까? - 빗물을 받을 때 불편했던 점 생각해보기 - 빗물을 깨끗하고 효율적으로 받을 수 있는 아이디어 내기 - 창의적 빗물 받기 기구 설계 및 제작하기 - 창의적 빗물 받기 기구 발표회하기	실(5) 창(2)

2장

질문을 통한 내용 구성은 우리가 빗물에 대해 무엇을 공부할지에 대한 대략적인 방향을 설정하는 역할을 한다. 빗물에 대해 알아가면서 더 많은 궁금증이 생기고 확인해 보고 싶은 점들이 나타날 수 있다. 그때마다 새로운 질문들을 추가하며 '빗물 수업'을 진행하면 처음 구성한 수업 내용에 새로운 요소가 덧붙여져 수업은 더욱 풍성해진다. 질문을 통해 수업 내용을 구성하는 활동은 학생들을 '빗물 수업'의 진정한 주인공이 되게 하며 학생들이 한 해 동안 빗물 수업에 흥미를 가지고 지속적으로 참여하도록 하는 원동력이 된다.

빗물 동아리 모여라!

◊ 그래서 우리 반 점심시간은...

"선생님! 선생님 반에는 점심시간에도 아이들이 많네요. 우리 반에는 아이들이 하나도 없는데."

점심시간, 우리 반 친구들은 교실을 거의 떠나지 않는다. 보드게임을 즐기거나 친구들과 이야기를 나누는 친구들도 있지만 빗물 수업을 준비하는 데 분주한 친구들도 있다. 이 친구들이 바로 우리 반 빗물 동아리 친구들이다.

빗물 수업을 위해서는 많은 손이 필요하다. 빗물 산성도 실험을 하려면 다양한 용액이 필요한데 모둠마다 사용할 용액을 옮겨 담는 데 시간이 꽤 걸린다. 예를 들어, 수돗물과 빗물 중 어느 물이 보리싹을 더 건강하게 자라게 하는지 알아보는 실험에서는 각 통마다 1,400개의 보리 씨앗을 세어 넣어야 했다.

이렇게 작은 씨앗을 1,400개 넣는 작업은 생각보다 오랜 시간과 정교함이 필요하다. 이러한 순간마다 동아리 친구들의 도움 덕분에 실험 준비를 수월하게 진행할 수 있었다. 수업을 계획하고 진행하는 것은 교사의 몫이지만 동아리 친구들의 돕는 손길은 수업의 원활한 진행을 도왔다.

우리 반은 빗물 수업의 원활한 진행을 위해 13명의 친구들과 함께 빗물 동아리를 운영하고 있다. 요즘 친구들은 방과 후에도 시간이 없기 때문에 방과 후에 자율 동아리를 운영하는 것은 무리가 있다. 그래서 우리 반 빗물 동아리는 점심시간에 운영된다. 빗물 수업이 진행되면 우리 반에는 관리해야 할 대상이 많아진다. 모든 식물을 빗물로 키우기 때문에 페트병에 빗물이 항상 준비되어 있다. 페트병에 든 빗물을 식물에게 주고 나면 페트병을 깨끗이 씻어 말리는 것도 동아리 친구들의 몫이다. 그리고 교실에서 키우는 금붕어의 물을 갈아주는 것도, 빗물에서 자라고 있는 금붕어에게 먹이를 주는 것도, 빗물과 수돗물로 실험 중인 보리씨앗에 매일 일정량의 물을 주는 것도 모두 동아리 친구들의 몫이다.

하지만 동아리 친구들의 가장 핵심적인 역할은 수업 도우미로서의 역할이다. 빗물 수업 중 실험 활동이 있을 때는 사전 실험을 함께 해 보고 수업 중 활동에 대한 이해가 부족하거나 어려움을 겪는 친구들을 도와준다. 그리고 수업에 적용될 교구들의 예시도 미리 제작해 보고 혹여나 친구들이 겪을 어려움이 무엇인지, 어떻게 하면 좀 더 흥미롭고 재미있게 활동할 수 있을지 등 동아리 친구들의 다양한 의견들은 빗물 수업에 반영된다. 빗물 동아리 덕에 빗물 수업은 친구들의 눈높이로 진행할 수 있으며 활동에 대한 이해가 부족한 친구들도 동아리 친구들의 도움을 받을 수 있다. 이 덕분에 친구들은 주어진 시간 안에 충분한 체험을 하고 이해되지 않는 내용도 눈높이에 맞는 친구의 설명 덕분에 쉽게 이해하게 된다. 빗물 동아리 친구들의 도움으로 인해 빗물 수업은 더욱 활기를 띠게 된다. 이렇게 빗물 동아리 친구들은 빗물 수업을 원활하게 만들어 주는 촉매제와 같은 역할을 하고 있다.

오늘도 나는 빗물 수업을 위해 도움을 구하려 한다.
"빗물 동아리 모여라!"

빗물 수업 풀어가기

3장

'비 하면 어떤 단어가 떠오르나요?'
빗물 산성도 실험을 하기 전, 친구들이 빗물에 대해 어떤 생각을
하고 있는지 알아본다. 다양한 단어들이 등장하지만
단연 눈에 띄는 건 '산성비'라는 단어이다.
빗물 수업에서 가장 처음 수업이자 가장 중요한 핵심이 되는 내용이
빗물의 산성도라고 할 수 있다. 빗물 수업의 대상이 5학년 학생이라면
과학과의 <산과 염기> 단원과 연계하여 수업을 진행하는 것도 좋다.
빗물의 산성도를 알아보기 위해서 산성도가 무엇인지
산성비의 정확한 의미는 무엇인지 알아보아야 한다.

빗물은 정말 산성일까?

◊ 빗물의 산성도를 알아보자!

산성도란?

우리 주위에 존재하는 많은 물질들은 서로 합쳐지거나 분리되어 고유한 성질을 나타내는데 그 중 물에 녹아서 나타내는 대표적인 성질을 '산성도'라고 한다. 산성도는 산성과 염기성으로 나타내는데 pH로 구분하자면 pH가 0~7이하는 산성, pH7~14 이상은 염기성으로 구분한다.

산성비란?

하늘에서 내리는 비는 대기 중 이산화탄소의 영향을 받아 원래 산성을 띤다. 대기 중에 오염이 심해서 이산화황이나 다른 산성을 띠는 물질들이 비에 섞이면 산성도가 높아지는데 이를 산성비라 한다. 산성비는 pH가 5.6 이하이다.

산성비를 측정하는 가장 손쉬운 방법은 pH시험지를 사용하는 것이다. 내리는 빗물이나 받은 빗물에 pH시험지를 가져다 대면 빗물의 산성도를 쉽게 측정할 수 있다. 하늘에서 떨어지는 빗물에 pH시험지를 반응시키면 pH5~6 정도임을 확인할 수 있다. 하지만 우수관을 통해 받은 빗물은 pH시험지와 반응하여 7 정도를 나타낸다. 그리고 친구들과 직접 pH센서로 측정한 결과도 pH7.1~7.3정도였다.

그렇다면 여기서 한 번 생각해 보아야 한다. 하늘에서 바로 내리는 빗물은 약산성을 띠는데 그럼 빗물을 산성이라고 해야 할까? 빗물은 보통 우수관 같은 집수면을 이용한 관을 통해 받는데 집수면을 통해 받는 빗물이 pH7 정도이니 중성이라고 보아야 할까?

친구들과 함께 자료 검색과 책을 통해 정리한 결과에 의하면 빗물이 하늘에서 떨어질 때는 공기 중에 있는 미량의 이산화탄소 영향을 받아 약한 산성을 띠게 된다고 한다. 하지만 받은 빗물은 시간이 지나면 이산화탄소가 공기 중으로 날아가기 때문에 중성이 된다. 탄산음료의 뚜껑을 따서 어느 정도 시간이 지나면 탄산이 빠져 맛이 밋밋하게 느껴지는 현상과 같다고 할 수 있다. 결국 공기 중에서 내려올 때 빗물은 잠시 이산화탄소의 영향을 받아 약산성을 띠지만 어느 정도 시간이 지나면 자연스레 중성의 성질을 띠게 됨을 알게 되었다.

◊ 일상생활 속에서 만나는 액체들과 빗물의 산성도를 비교해 보면?

'빗물은 내릴 때 약산성을 띠게 된다는 것을 알게 되었지만 약한 산성의 성질 때문에 혹여 사람들에게 위험하지 않을까?'란 의심을 떨쳐버리기 위해 5학년 과학에서 다루는 지시약을 활용해 우리 생활 속에서 쉽게 접할 수 있는 용액들과의 산성도를 비교하는 실험을 추가로 진행해 보았다.

빗물과 다른 액체들과의 산성도 비교하기

1. 이온음료, 사과주스, 식초, 탄산수, 수돗물, 빗물을 준비해 스포이트로 24홈판에 3방울 떨어뜨린다.

2. pH시험지, 푸른 리트머스 종이, 양배추 지시약, 페놀프탈레인 용액을 준비된 각 액체들과 반응시킨 후 변화를 관찰한다.

3. pH측정기를 통해 각 액체의 산성도를 3회 측정 후, 평균값을 구해 비교해 보았다.

액체종류	이온음료	사과주스	식초	탄산수	수돗물	빗물
pH	3.62	3.19	2.7	4.59	7.17	7.39

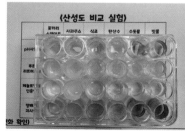

이 실험을 통해 우리가 일상생활에서 섭취하고 있는 액체들이 빗물보다 산성도가 높다는 것을 확인할 수 있었다. 수돗물과 빗물을 비교해 보면 모든 지시약에서의 색이 비슷하고, pH측정기로 측정한 값이 거의 비슷한 것으로 보아 빗물은 특히나 받아둔 빗물은 중성에 가까운 성질을 띤다는 것을 알 수 있었다.

◊ 빗물 산성도 실험을 통한 생각의 변화들

친구들은 수업 후 빗물에 대한 인식이 어떻게 변했을까? 친구들이 남겨준 수업 소감 속에서 빗물에 대한 친구들의 인식 변화를 살펴보았다.

> '원래 비를 맞으면 머리가 빠진다. 몸에 안 좋다'라는 말을 많이 들어서 나도 비를 안 맞으려고 막 피해 다녔는데 이번 실험을 통해 그런 오해가 풀렸다. 가까운 거리는 우산이 없을 때 비를 맞고 다녀도 괜찮을 것 같아서 이번 실험이 큰 도움이 되었던 것 같다. 빗물이 꼭 머리를 빠지게 한다는 편견을 버리고 꼭 비가 오면 한 번쯤은 우산 안 쓰고 다녀볼 것 같다.

예전부터 사람들이 산성비에 대해 말하는 것을 듣고 빗물에 대한 안 좋은 인식이 있었는데 이번 실험을 통해 식초나 음료수가 빗물보다 더 산성도가 높다는 사실을 알았다. 사실 산성비에 대해서 한 번 실험해 보고 싶었는데 이번 수업으로 그런 궁금증이 해소된 것 같아서 좋았다. 이번 실험으로 인해 더 빗물에 대해 궁금한 것이 많아진 것 같다.

생각보다 빗물이 산성비인지 실험을 해 보고 싶었다는 친구들이 많았다. 어떤 친구는 산성비인지 궁금해서 빗물을 직접 받기까지 했지만 실험을 못 해 아쉬웠는데 오늘 실험을 통해 빗물에 대한 오해도 풀고 실험도 해 보아서 좋았다는 이야기도 해 주었다. 그리고 주변에서 말로만 들었던 빗물에 대한 편견을 실험을 통해 풀 수 있어 좋았다는 친구들의 이야기는 친구들이 빗물과 조금 더 친숙해졌음을 느낄 수 있었다.

갑자기 비가 오는 날 머리도 가리지 않고 천천히 걸어가며 비 맞는 걸 즐기는 누군가 있다면 그건 우리 반 친구들이 아닐까? 빗물은 내리면서 약한 산성은 띠지만 절대 위험한 물은 아니니까! 대신 감기에 걸리거나 엄마의 잔소리를 들을 수 있으니 조심!

빗물은 정말 깨끗한 물일까?

◊ 물의 깨끗하기는 어떻게 알아볼 수 있을까?

빗물 산성도 실험 이후, 친구들은 비를 맞는 것에 대한 걱정을 덜었다. 빗물이 우리 몸에 닿는다 해도 머리를 빠지게 하거나 옷에 구멍을 내거나 피부병이 생길 정도의 산성도가 아님을 확인했기 때문이다. 하지만 빗물의 산성도에 대한 걱정을 덜었을 뿐 아직도 의심이 많은 친구들은 빗물은 깨끗한 물일지에 대해 의문을 품는다.

산업화, 도시화로 인구가 증가하고 세상의 모든 것이 오염되어 간다는 생각 때문에 사람들은 빗물을 마실 수 있는 물로는 생각하지 않는다. 오히려 오염 문제로 인해 수돗물조차 식수로 사용하지 않고 정수기에 의지해야 할 만큼 사람들은 물의 깨끗함에 민감해졌다. 그렇다면 친구들은 가장 깨끗한 물이 어떤 물이라고 생각하고 있을까?

우리가 일상생활에서 깨끗하기에 믿고 마시는 물로 생수, 정수기물, 수돗물 중 어떤 물이 가장 깨끗한 물이라고 생각하는지 투표해 보았다.

생수	정수기물	수돗물
15	5	3

<투표 결과, 총인원 23명>

그럼 친구들의 생각을 확인할 수 있는 방법은 없을까? 물이 깨끗하다는 것을 검증해야 할 많은 기준이 있지만 물의 깨끗하기의 기준을 물의 순도라 한다면 TDS를 측정해 보면 간단히 비교할 수 있다.

TDS란?

TDS(Total Dissolved Solids)는 '총용존고형물'을 의미한다. 이는 물에 녹아 있는 모든 물질의 총량을 나타내는 지표로, 물 1리터를 증발시킨 후 남는 고형물의 양을 mg/L 또는 ppm 단위로 측정한다.

예를 들어, 물 1리터에 0.5g의 소금을 녹인 후 이를 증발시키면 0.5g의 소금이 남게 되며 이 경우 TDS 값은 500mg/L(ppm)이다.

※ 1mg=0.001g

즉 TDS를 살펴보면 물에 녹아 있는 물질의 양을 알 수 있고 숫자가 적을수록 순수한 물임을 알 수 있다.

◊ 빗물, 생수, 정수기물, 수돗물의 진실을 밝혀보자!

친구들과 빗물, 생수, 정수기물, 수돗물의 TDS를 측정해 보았다. 이 실험은 비가 오는 날 진행했는데 빗물의 순수함 정도를 알아보는 것이기에 하늘에서 바로 내리는 빗물을 컵에 받아 실험을 진행하였다. 그리고 시중에서 가장 많이 구입해 마시는 생수와 정수기물 그리고 수돗물의 TDS를 측정해 보았다.

가장 먼저 빗물의 TDS를 측정해 보았다. 과연 친구들이 측정한 빗물의 TDS는?

3개의 컵에 빗물을 받아 측정해 보았는데 빗물의 TDS는 0~1ppm 정도로 나타났다. 빗물은 거의 증류수에 가까운 수준이었다. 수치가 보여주는 것처럼 빗물은 순수함 그 자체였다. 그렇다면 생수, 정수기 물, 수돗물의 TDS는 어떤 측정값을 나타내었을까?

| 생수 | 수돗물 | 정수기물 |

　우리가 일상생활에서 주로 마시는 물인 생수, 수돗물, 정수물을 비교했을 때도 의외의 결과가 나왔다. 생수가 가장 순수한 물이라 예상했었는데 친구들의 예상을 깨고 TDS의 값은 미세한 차이지만 수돗물이 가장 낮았으며 빗물과 비교하면 빗물이 가장 순수한 물에 가까운 수치를 나타내었다. 빗물의 TDS 수치를 보면 빗물에는 거의 아. 무. 것. 도 녹아 있지 않기에 빗물은 어떠한 물질도 오염되어 있지 않음을 확인할 수 있었다.

　우리나라 음용수 수질 기준은 TDS 500mg/L(ppm) 이하이기에 위측정한 모든 물은 TDS 수치로만 보았을 때는 식수로 사용해도 아무런 문제가 없다. 다만 위 실험은 세균, 독성 물질, 농약 성분 등에 관한 결과를 포함하고 있지 않기에 녹아 있는 물질들이 어떠한 것을 포함하고 있는지 파악할 수는 없지만 빗물에는 거의 아. 무. 것. 도 녹아 있지 않다시피한 증류수에 가까운 물임은 확인할 수 있었다.

◊ 빗물을 마실 수 있을까?

"선생님! 빗물을 마셔도 되나요?"

TDS 실험까지 하고 나면 친구들은 빗물을 마실 수 있는지를 가장 궁금해한다. 빗물을 마실 수 있을지 없을지에 대해 확인하자면 전문가의 도움이 필요했다. 빗물의 수질을 알아보기 위해 어떤 기관의 도움을 받을까 고민하다가 인근에 있는 수자원공사가 생각났다. 그래서 우리가 빗물에 대해 연구하고 있는데 빗물의 수질에 대해 알아보고 싶으니 도움을 달라는 요청을 했다. 흔쾌히 도와주시겠다고 하셔서 우리 반을 대표할 3명의 친구와 함께 우리가 보관한 빗물을 가지고 수질관리원을 찾게 되었다. 수질관리원에서 먼저 COD를 측정해주셨다.

> **COD란?**
> 수질 측정 기준에서 COD는 화학적 산소 요구량(Chemical Oxygen Demand)을 의미한다. COD는 물속에 존재하는 유기물질을 산화시키는 데 필요한 산소의 양을 측정한 것으로 물의 오염도를 나타내는 중요한 지표로 사용된다. 음용수는 일반적으로 4mg/L 이하(2급수)의 COD값을 유지해야 한다.

증류수를 비교군으로 두고 빗물, 수돗물의 COD를 측정하였다. COD를 측정할 때 각 물에 약품을 넣는데 그때 수돗물에서 하얗게 변하는 현상을 관찰할 수 있다. 염소로 소독했기에 남은 약품 때문이라는 친절한 설명도 덧붙여 주셨다. 약품을 넣고 끓이고 적정과정을 거친 빗물의 COD는 2mg/L, 수돗물의 COD는 1mg/L로 측정되었다.

COD값으로만 확인했을 때 빗물은 음용수 기준에 적합한 깨끗한 물이었다. 그리고 현미경으로 미생물이 어느 정도 있는지도 살펴보았는데 일반 강물에는 조류, 다양한 미생물들이 움직이는 것도 볼 수 있었지만 빗물은 빗물을 모으면서 생긴 먼지만 보일 뿐이었다. 이날 우리가 가져간 빗물은 모아서 보관한 지 한 달 정도 된 빗물이었는데도 깨끗한 수질을 유지하고 있었다.

연구원님께서는 식수로 사용하는 물은 50여 가지가 넘는 검사의 기준을 통과해야 하기에 오늘 우리가 가지고 간 빗물이 식수로 적합한지에 대해서는 좀 더 검증이 필요하다고 하셨다. 그리고 수돗물도 강물을 식수로 사용할 수 있도록 적절히 처리한 것이기에 빗물도 식수로 사용할 수 있도록 처리한다면 마실 수 있는 물이 될 수도 있다고 하셨다. 하지만 빗물 그 자체를 식수로 사용할 수 있다고 이야기하기는 어렵다고 하셨다. 단, 오늘의 검증을 통해 식수는 아니더라도 식물에게 주는 물, 청소용수 등으로는 충분히 사용할 수 있는 물이라는 것을 확인할 수 있었다.

◊ 빗물의 완벽한 반전

    TDS 실험과 수질관리원에서의 실험 결과는 친구들에게 빗물이 깨끗한 물임에 대한 확신을 심어주었다. 하지만 깨끗한 물이라고 해서 바로 식수로 사용할 수 없고 식수로 사용하기 위한 기준을 충족시켜야 함도 알게 되는 시간이었다. 친구들이 나누어 준 소감을 통해 친구들의 생각들을 살펴볼 수 있었다.

> 오늘 여러 가지 물의 TDS를 측정했다. 수돗물, 정수기물, 생수, 빗물 중 빗물이 가장 더러울 거라 생각했는데 제일 낮게 나와서 놀라웠다. 빗물은 하늘에서 내려오는데 하늘에는 오염 물질이 있어 더러울 거라 생각했는데 가장 깨끗해서 너무 신기했다. 그리고 우리가 자주 먹는 생수와 정수기물은 빗물보다 TDS가 높게 나와서 내가 마시는 물을 다시 점검해 보고 싶어졌다.

> 빗물, 수돗물, 정수기물과 생수로 TDS 비교 실험을 해 보았는데 나는 사실 정수기물이 제일 깨끗하다고 생각했지만 오히려 정수기물의 TDS가 생각보다 높게 나와서 놀랐다. 그리고 가장 깨끗한 물이 빗물이라는 것도 신기했다. 나는 빗물의 TDS가 75~90 정도라고 예상했지만 실제 측정 결과는 거의 0~1 사이를 왔다 갔다 해서 놀라웠다. TDS가 낮아도 빗물을 바로 마시는 것은 검증이 필요하다고 선생님께서 이야기하셨지만 하늘에서 바로 내리는 빗물은 아무것도 들어 있지 않은 거나 마찬가지니 먹어도 별 문제가 없지 않을까 생각했다.

친구들은 자신들이 직접 빗물을 받아 측정한 TDS 실험을 인상 깊어했다. TDS 실험 전, 각 물의 TDS값 예상해 보기에서도 대부분 생수의 TDS는 낮고 빗물의 TDS는 높을 거라고 예상했다. 그런데 빗물이 이렇게나 TDS가 낮다고? 친구들은 빗물의 TDS를 측정하고 또 측정하며 자신의 눈을 의심하는 모습을 보였다. 그래서였을까? 친구들은 빗물의 TDS를 측정하던 그 순간이 가장 흥미로웠다고 했다. 빗물의 산성도 실험을 통해 빗물에 대한 오해가 많이 풀렸지만 빗물이 더럽다, 찝찝하다는 편견을 완전히 벗어버리지 못했었는데 친구들은 이번 실험 활동을 통해 빗물의 완벽한 반전을 경험하게 되었다.

우리가 모은 빗물!
어떻게 사용할까?

◊ 빗물을 어디에 사용할 수 있을까?

비가 오는 날 아침 시간마다 친구들과 모으는 빗물의 양은 대략 50L 정도가 된다. 이 빗물은 친구들이 빗물을 모으기 위해 가져온 페트병과 빗물 항아리에 보관해 둔다. 매번 모은 빗물의 양이 꽤 많은데 이 빗물로 실험만 하기에는 아깝다는 생각이 들었다. 우리의 일상생활 속 대부분의 물은 수돗물을 활용하는데 우리가 물을 어떻게 사용하는지 알아보면 빗물을 어떻게 활용할지에 대한 아이디어를 얻을 수 있을 것 같았다. 물 정보 포털에는 다양한 물과 관련한 통계 자료를 이해하기 쉽게 그래프로 나타낸 자료들이 많다. 마침 그래프와 관런한 단원을 배우고 있어 물 정보 포털의 통계 자료를 활용해 일상생활 속 물 사용에 대해 알아보기로 했다.

수돗물을 기준으로 우리나라 사람들은 하루에 얼마나 많은 물을 사용하고 있는지에 대해 친구들에게 질문을 해 보았다. 친구들은 10L부터 많아도 100L를 넘지 않는다고 생각했다. 평소 물을 많이 마시는 것도 아니고 샤워나 머리 감기도 하루에 한 번 정도이니 자신들은 그렇게 많은 물을 쓰지 않는다고 생각했다. 우리나라 1인당 하루 사용하는 물의 양이 213L(2022년 기준)라 했을 때 친구들은 도대체 어디에 물을 그렇게 많이 쓰냐며 궁금해했다. 친구들이 예상하기에 물을 가장 많이 사용하는 용도는 음식을 만들 때라고 생각했다. 그다음으로 세탁하기, 샤워하기 순이었다. 그렇다면 우리는 어디에 가장 많은 물을 사용하고 있을까?

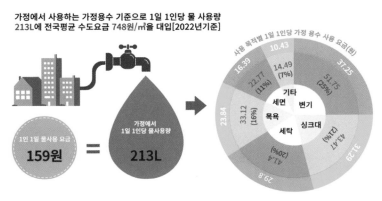

가정에서 사용하는 가정용수 기준으로 1일 1인당 물 사용량 213L에 전국평균 수도요금 748원/㎥을 대입[2022년기준]

*출처: 물정보포털/2022 상수도 통계

물이 가장 많이 사용되는 곳은 변기, 싱크대, 세탁 순이었다.

"선생님! 그런데 왜 변기에서 물을 가장 많이 사용하는 거예요?"

현재 우리가 사용하는 변기는 거의 양변기이다. 이 양변기는 물을 한 번 내리면 13L의 물이 사용된다. 한 사람이 하루에 화장실을 평균 4회 정도 간다고 치면 한 사람이 변기에서 사용하는 물의 양은 52L이다. 하루 평균 물 사용량의 약 25% 정도이다. 요즘은 절수형 변기가 많이 보급되어서 한 번에 사용되는 물의 양이 조금 줄어들긴 했지만 그래도 여전히 변기에서는 많은 물이 사용되고 있다고 설명해 주었다.

"그렇다면 이 그래프를 보고 수돗물 대신 빗물 사용으로 대체할 수 있는 용도는 무엇일까?"

친구들은 변기, 세탁, 기타를 꼽았다. 그리고 빗물로 변기, 세탁, 기타 정도의 물만 활용해도 우리는 수돗물 사용을 50% 정도 줄일 수 있다는 사실도 확인할 수 있었다.

"그런데 기타는 어떤 용도로 활용되는 것을 이야기하는 것일까?"

자료를 통해서는 파악하기 힘들었지만 친구들은 이 기타에 식물에 물주기, 세차용수, 청소용수로 사용하는 것이 포함되어 있지 않을까, 라는 의견을 내 주었다. 현재 우리 반에서 빗물을 모아 사용할 수 있는 상황을 고려해 본다면 우리 반 식물에게 물을 주고, 청소를 하며, 실험에 활용하는 정도가 아닐까라는 생각을 나누어 주었다. 그럼

3장

이제 우리도 교실에서 빗물을 한 번 활용해 볼까?

◊ 빗물 활용법 1. 우리 교실 식물에게 빗물 주기

우리 교실에는 식물들이 많다. 그렇기에 교실에서 빗물을 어떻게 활용할지에 대한 의견을 내라 하면 대부분의 친구들이 식물에게 빗물을 주자고 한다. 우리 교실에서는 식물에게 물을 주는 것이 물 사용량의 대부분을 차지하기 때문이다.

"선생님! 전에 선생님이 빗물을 받으러 갈 때 빗물이 식물에게 보약이라고 하셨잖아요. 식물을 빗물로 키우면 좀 더 잘 자랄까요?"

빗물로 식물을 키우면 더 잘 자란다는 말이 있지만 직접 확인해 보지 않고는 그렇다고 말 할 수 없었다. 그래서 친구들과 함께 빗물과 수돗물로 식물을 키워 그 차이를 비교해 보기로 했다.

빗물과 수돗물로 보리싹 키우기

준비물: 두부 포장 용기, 보리 씨앗, 빗물, 수돗물

1. 두부 포장 용기 2개를 준비해 각 용기에 보리 씨앗을 1,400개씩 세어 넣는다.

2. 각 용기에 빗물과 수돗물 같은 양을 부어 8시간 정도 불려 놓는다.

3. 매일 3회씩 같은 양의 빗물과 수돗물을 주고 변화를 관찰한다.

보리 씨앗을 불린 후 2일 후 모습

보리 씨앗을 불린 후 6일 후 모습

친구들은 매일 보리싹이 얼마나 자랐는지 궁금해했다. 하루하루 다르게 자라나는 보리싹을 보며 친구들은 신기해했다. 실험은 총 3번 진행되었고 그때마다 빗물로 키운 보리싹의 자람이 뚜렷하게 나타났다. 이를 통해 빗물로 식물을 키우면 잘 자라는 것을 확인할 수 있었다. 이 실험을 통해 식물이 좋아하는 물이 빗물임을 확실히 알게 되었고 앞으로 우리 교실 식물들에게 주는 물은 빗물로 결정했다.

◊ 빗물 활용법 2. 빗물로 물고기 키우기

우리 반 친구들은 무언가 키우는 것을 좋아한다. 그래서 우리 교실에는 식물뿐만 아니라 개미, 누에 등 다양한 생물들이 함께한다. 작은 생명들을 돌보는 것을 좋아하는 친구들은 빗물을 어떻게 활용할

지에 대한 이야기를 꺼내자마자 빗물로 물고기를 키워보자는 의견을 냈다.

나는 물고기라곤 키워본 적이 없어 대답하기를 주저하고 있을 때 한 친구가 집에서 금붕어를 키워본 경험이 있다며 빗물로 금붕어를 키워보자고 제안했다. 대신 물고기 관리는 자기가 하겠다고 말했다. 빗물을 활용해 물고기를 키우기 전, 빗물이 물고기를 키우기에 적합한지를 확인해 볼 필요가 있었다.

그래서 각각 빗물과 수돗물을 넣은 수조 2개에 금붕어를 넣은 후, 움직임을 관찰하기로 했다. 30분 간격으로 2시간 동안 관찰한 결과, 빗물에 넣은 금붕어는 활발히 움직였지만 수돗물에 담근 금붕어는 30분 정도까지는 활발히 움직이다가 점점 움직임이 느려졌다. 1시간 이후부터는 거의 움직이지 않는 것을 관찰할 수 있었다.

이 실험만으로는 빗물이 수돗물보다 금붕어를 키우기에 적합하다고 판단하기는 어려웠다. 하지만 빗물로 금붕어를 키울 수 있다면 받은 빗물을 활용할 수 있고 수돗물을 사용하지 않아도 되니 수돗물 사용량도 줄일 수 있어 일석이조였다. 또한 금붕어를 키울 때 수돗물을 떠서 바로 사용하면 염소 성분 때문에 금붕어에게 해가 될 수 있기에 수돗물을 사용할 때는 염소 성분을 제거한 후 사용해야 한다. 반면, 빗물은 바로 활용할 수 있어 여러모로 이점이 있었다.

그래서 우리 반은 빗물로 금붕어를 키우기로 했다. 그리고 현재 우리 반 23명의 친구들은 빗물 속에서 살고 있는 6마리의 금붕어와 함께 교실에서 생활하고 있다.

◊ 빗물 활용법 3. 칠판 청소는 빗물로!

교실에서 물을 활용하는 경우는 식물이 많은 학급을 제외하면 그리 많지 않다. 청소할 때도 주로 빗자루로 먼지를 쓸 뿐 걸레를 빨아 사용하는 일은 흔치 않다. 그러나 물을 사용하는 곳을 굳이 찾자면 물 분필을 이용해 칠판을 지울 때와 칠판 지우개를 빨 때 정도일 것이다. 적은 양의 물이라도 수돗물 대신 빗물을 활용할 수 있다면 수도세를 절약할 수 있으니 우리는 칠판 지우개를 빗물로 빨아 써 보기로 했다.

한 가지 불편한 점은 수돗물은 수돗가나 화장실에서 바로 틀어 사용할 수 있지만 빗물은 다른 용기에 담아 세탁한 후 다시 버려야 한다는 것이었다. 그럼에도 불구하고 친구들은 칠판 지우개를 빗물로 빨기 시작했다. 칠판 당번 친구들은 칠판 지우개를 빗물에 빨아 항상 깨끗한 칠판을 만들어 주었다.

문득 궁금해졌다. 빗물에 대해 공부할 때 독일에서는 빗물을 세탁 용수로 사용한다는 내용을 책에서 본 적이 있었는데 세탁할 때 빗물을 사용하면 수돗물로 세탁할 때와 어떤 차이가 있을까? 식물이나 물고기를 키울 때 빗물이 수돗물보다 더 좋은 결과를 낸다는 점에서 이 질문이 더욱 궁금해졌다. 그래서 우리 반 친구들과 함께 다음과 같은 실험을 진행해 보기로 했다.

빗물과 수돗물의 세탁 비교 실험

준비물: 검정 수채물감, 헝겊, 세제, 현미경, 빗물, 수돗물

1. 물 150mL에 검은 수채 물감 3g을 잘 섞어 만든 오염 물질을 페트리 접시에 넣는다.

2. 8cm×8cm로 자른 헝겊을 오염 물질이 든 페트리 접시에 넣어 오염 물질이 잘 스며들도록 담구어 둔다.

3. 오염된 헝겊들을 빗물과 수돗물 각 300mL에 세제 3g을 넣은 후, 50회씩 유리막대로 저어 세척한다.

4. 빗물과 수돗물 각 300mL씩 넣은 물에 1차 세척된 헝겊들을 넣어 50회씩 유리막대로 저은 후 세탁된 정도를 비교한다.

5. 현미경을 통해 세탁 후 천의 세탁 상태를 비교한다.

오염된 헝겊

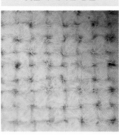
빗물에 세탁한 헝겊

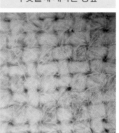
수돗물에 세탁한 헝겊

실험 결과는 놀랍게도 빗물이 수돗물보다 세탁이 더 잘 되었다. 그렇다면 그 이유는 무엇일까? 빗물에 녹아 있는 물질의 양을 알아보기 위해 TDS(총용존고형물질)를 측정해 보았다. TDS를 측정하면 물속에 유기물과 무기물이 얼마나 녹아 있는지 확인할 수 있다. 하늘에서 바로 내린 빗물의 TDS는 0ppm에 가깝고 보관한 빗물도 5~10ppm 정도로 낮은 수치를 보였다. 반면, 수돗물은 보통 80~140ppm, 지하수는 300~500ppm 정도로 측정되었다. TDS가 낮을수록 물에 섞여 있는 물질이 적다는 의미이므로 빗물이 더 많은 양의 물질을 녹일 수 있다는 말이 된다. 그렇기에 세탁할 때 세제를 녹이면 지하수보다는 수돗물이, 수돗물보다는 빗물이 세제를 좀 더 잘 녹여 세탁에 효과적이다.

옛말에 '센물에서는 빨래가 잘되지 않고 단물에서는 잘된다'는 말이 있다. 여기서 센물은 TDS(총용존고형물)가 높은 물을, 단물은 TDS가 낮은 물을 뜻한다. 수돗물은 센물이라 할 수 없지만 빗물보다 TDS가

높은 편이다. 따라서 빗물이 수돗물보다 세탁이 더 잘되는 물이라 할 수 있다.

빗물과 수돗물의 세탁 비교 실험에서 우리는 TDS를 직접 측정해 비교하고 세탁 후 섬유에 남은 오염물을 현미경으로 관찰하기도 했다. 또한, 센물과 단물이라는 과학적 개념을 통해 빗물이 수돗물보다 세탁에 더 효과적인 이유를 알 수 있었다. 단순히 어떤 물이 더 세탁에 적합한지 알아보려고 했었는데 예상보다 많은 것을 배우고 경험하게 되었다. 이로써 빗물이 세탁에도 효과적이라는 사실을 발견하며 빗물의 새로운 능력을 확인할 수 있었다.

◊ 빗물 활용법 4. 빗물로 천연 염색은 어때?

빗물이 수돗물보다 TDS가 낮다면 천연 염색을 할 때 수돗물보다 빗물을 활용하는 것이 더 효과적일 것이라 생각했다. 빗물은 TDS의 양이 매우 낮으니 수돗물보다 염료가 물에 더 잘 녹아들 거라 생각했기 때문이다. 미술 시간에 천연 염색 하기 활동이 나오는데 이왕이면 빗물도 받아 놓았겠다 천연염색 염료를 빗물로 만들어 보자는 생각을 했다. 빗물을 활용하는 천연염색이라면 염료의 재료도 친환경적인 것으로 선택하고 싶었다. 그래서 고심한 끝에 선택한 것은 양파 껍질!

천연 염색을 하기 1주일 전부터 각자 집에서 양파 껍질을 모아오기로 했다. 하지만 가정에서 사용하는 양파의 양은 소량이기에 양파 껍질이 잘 모이지 않았다.

그러던 어느 날, 한 친구가 양파 껍질을 박스째 들고 왔다.

"어디서 이렇게 많이 구했어?"

"중국집 앞을 지나가다 보니 양파 껍질을 많이 모아놨길래 달라고 했는데요."

중국집은 생각지도 못했는데 그날 이후 친구들은 학교 주변 중국집을 돌며 양파 껍질을 모아오기 시작했다. 그 덕에 천연 염색을 하기로 예정한 날까지 양파 껍질을 충분히 모을 수 있었다.

천연 염색 하는 방법

1. 솥 안에 양파 껍질이 빗물에 푹 잠기도록 넣고 30분 이상 끓인다.

2. 갈색물이 어느 정도 배어 나오면 양파 껍질과 찌꺼기를 걸러내고 염액만 남긴다.

3. 염색할 천을 매염제(백반, 오베자, 석류 등)가 들어 있는 물에 넣어 10분 정도 담근 후 물을 꼭 짜서 준비한다.

4. 염액은 약 60~70℃로 식힌 후 염색할 천을 넣고 천에 물이 잘 스며들 때까지 손으로 잘 주무른다.(물이 뜨거우므로 고무장갑은 필수!)

5. 염색이 다 되면 깨끗한 물에 헹구어 햇볕에 말린다.

3장

양파 껍질로 염색한 손수건 말리기

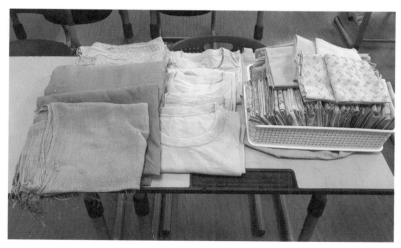

포도 껍질, 꼭두서니 등을 활용한 빗물 천연 염색 작품들

천연 염색을 하면서 친구들이 가장 힘들어하는 과정은 염액을 천에 잘 스며들게 하기 위한 주무르기 과정이다. 하지만 염액이 손수건마다 스며 자신만의 색을 내고 좋은 볕에 선명한 노란색을 발하면 친구들의 얼굴이 밝아지기 시작한다. 빗물과 양파 껍질의 만남은 친구들에게 예쁜 노란색 손수건을 선물해 준다. 이후 포도 껍질, 애기똥풀 등의 다양한 재료를 빗물로 우려 천연 염색에 활용했다. 천연 염색이 아니라면 버려질 재료들이 아름다운 색으로 그들만의 가치를 발하는 기회를 가졌다. 친구들 손에서 만들어진 빗물 천연 염색 손수건, 스카프는 한 해 동안 차곡차곡 쌓여간다. 그리고 한 해를 마무리하면서 우리 반 바자회를 통해 사람을 살리고 환경을 살리는 귀한 곳에 쓰인다. 천연 염색은 빗물 활용의 또 다른 발견이다.

우리 조상들의 빗물 관리법!

◊ 우리 조상들은 어떤 물을 사용했을까?

"선생님! 비는 언제 올까요? 빗물이 다 떨어져 가요."

빗물 수업을 하다 보면 오랜 기간 비가 오지 않아 비가 오기만을 기다려야 하는 때가 있다. 친구들은 비가 오지 않아 빗물이 다 떨어지면 식물들에게, 금붕어들에게 큰일이 날 것처럼 호들갑을 떨곤 한다. 나는 빗물이 없으면 수돗물을 쓰면 되지 않느냐며 덤덤하게 친구들의 호들갑에 답하곤 했다. 그런데 문득 수돗물도 없던 옛날에는 어떤 물을 썼을까 궁금증이 생겼다.

"그런데 얘들아! 우리는 빗물이 없으면 수돗물을 쓸 수 있지만 옛

날 사람들은 어떤 물을 썼을까?"

마침 빗물 수업을 구성할 때 친구들이 한 질문 중에도 비슷한 질문이 있어 조상들이 어떤 물을 썼는지에 대해 알아보기로 했다. 국어 시간에 다양한 자료를 구성해 발표하기 활동이 있어 '옛날 사람들은 어떤 물을 사용했을까?'라는 주제로 조사 보고서를 만들고 발표하는 시간을 가져 보기로 했다. 친구들의 조사 보고서에 의하면 우리 조상들이 주로 사용했던 물은 우물, 강물, 촘항의 빗물이었다.

친구들이 조사한 내용에 따르면 우리 조상들은 우물을 가장 많이 활용했다. 집집마다 우물을 파기도 하고 마을 공동 우물을 파서 사용하기도 했다고 한다. 우물은 우리 조상들의 식수이자 생활용수로 쓰였으며 우리 조상들은 우물에 이물질이 들어가지 않도록 관리하는 것에 정성을 쏟았다. 우물물은 임금님도 드셨다고 하는데 경복궁에 가면 임금님이 드셨던 우물이 아직도 남아 있다는 사실도 알게 되었다.

강물 역시 식수와 생활용수로 사용되었는데 강물은 식수보다는 주로 세안이나 목욕, 세탁을 하는 일상을 위해 주로 활용되었다고 한다. 우리 조상들이 빗물을 사용했다는 것도 알게 되었는데 최근까지도 빗물을 사용했다는 증거가 바로 촘항이다.

촘항은 제주도 사람들이 빗물을 보관하던 빗물 저금통 같은 것으로 물이 귀한 제주도에서 물 문제를 해결하기 위해 고안한 것이다. 촘항은 잎이 넓은 나무에 짚으로 만든 촘을 묶고 그 아래 항아리를 두

3장

어 빗물을 모았다. 이렇게 모은 물은 생활용수는 물론 식수로도 사용되었다. 그리고 이 안에 개구리를 넣어 물에 들어오는 벌레를 잡아먹게 함으로써 물의 오염을 막았으며 개구리가 살아 있는지 죽었는지로 마실 수 있는 물인지 아닌지를 구분했다고 한다.

친구들은 과거 여행을 다녀온 기분이라고 했다. 수돗물과 정수기가 너무 익숙해서 수돗물이 없던 세상을 상상해 본 적이 없었는데 조상들이 사용한 물을 알게 되면서 새로운 세상을 경험한 것 같다고 이야기해 주었다. 특히 촘항에 대한 이야기를 친구들과 나누는 것이 신기하기도 하고 재미있었다고 한다. 우리도 빗물을 받아 항아리에 두고 사용하는데 제주도에서도 항아리에 빗물을 담아 활용했다는 것에 공감대가 형성되었다고 하면서 말이다.

며칠 뒤, 제주도 가족 체험학습을 간다는 한 친구가 손을 번쩍 들었다.

"선생님! 제가 제주도에 가면 꼭 촘항 사진 찍어서 올게요."

◊ 불규칙적으로 비가 내리는 환경을 극복하기 위한 방법은?

빗물 수업에서 가장 중요한 재료는 바로 빗물이다. 비를 기다리다 보면 비가 많이 오는 달과 그렇지 않은 달을 자연스럽게 파악하게 된다. 빗물 수업을 처음 시작할 때 비는 안 오고 저장된 빗물이 바닥을 보이기 시작하면 정말 초조했는데 지금은 오히려 이러한 순간도 수업의 일부로 활용할 수 있는 여유가 생겼다. 친구들과 우리 조상들이 어떤 물을 사용했는지 알아보던 중 친구들은 이런 질문을 던졌다.

"선생님! 우리나라는 여름에 비가 많이 오는데 예전에는 농사를 지을 때 비가 오지 않으면 어떻게 물을 구했을까요?"

이 질문 또한 빗물 수업을 구성할 때 친구들이 했던 질문들과 연결되어 있었다. 그래서 이번에는 친구들과 불규칙적으로 비가 내리는 우리나라 환경을 극복하기 위해 조상들은 어떻게 했는지에 대해 알아보기로 했다. 먼저, 우리나라 강수의 특징은 어떠하며 이러한 강수의 특징에 대비하기 위해 조상들이 무엇을 했는지에 대해 조사하는 시간을 가졌다. 주어진 시간 동안 친구들은 교실에 있는 빗물 관련 책들과 인터넷 자료를 활용하여 자료를 조사했다. 자료를 조사 하고 난 후 친구들과 이 주제에 대해 이야기를 나누어 보았다. 먼저 우리나라 강수의 특징에 대해 조사한 내용을 함께 살펴보았다.

우리나라는 7~8월에 비가 집중적으로 쏟아진다. 이로 인해 봄과 가을에는 가뭄을, 여름에는 홍수를 대비해야 했다. 농업이 주된 산업이었던 조상들은 물 관리의 중요성을 깊이 이해하고 있었다. 비가 많이 오는 시기에 물을 제대로 관리하지 않으면 홍수 피해가 커지고, 가뭄이 오면 물 부족으로 농작물이 피해를 입기 때문이었다.

우리나라 월별 평균강수량 (1991-2020)

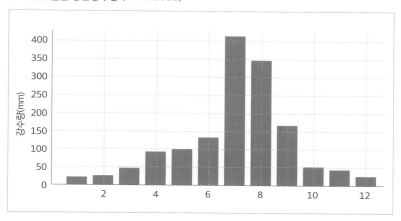

이러한 피해를 막기 위해 우리 조상들은 어떻게 했을까 친구들에게 물었더니 친구들이 조사한 조상들의 물 관리 방법들을 이야기해 주었다. 친구들이 이야기해 준 세 가지 방법은 저수지, 둠벙, 논이었다.

우리나라에는 저수지가 많다. 현재 관리되고 있는 저수지도 3,428개가 있으며 이는 농사를 짓기 위함이다. 저수지는 비가 많이 올 때는 비를 담는 그릇으로 주변으로 물이 빨리 흘러 들어가는 것을 막아 홍수를 대비할 수 있도록 해 주며 가뭄에는 모아 둔 물을 활용해 농업용수로 활용했다. 오랜 옛날부터 이렇게 홍수와 가뭄을 대비하기 위해 만든 저수지들은 지금까지도 남아 있으며 현재도 저수지에서 농업용수의 60%를 공급하고 있다고 한다.

둠벙은 주로 빗물에 의존해 벼농사를 짓던 시절, 임시로 용수를 가

두어 두는 물 저장고를 이르는 말이다. 둠벙은 웅덩이의 충청도 방언이라고 하며 지역에 따라 덤벙(경북), 둠뱅(전남), 둠벙(경기, 충청, 경남)으로 불린다고 한다. 논에 물이 필요하면 바로 물을 대기 위한 물웅덩이로 주로 논 가장자리에 위치한다. 둠벙은 땅을 파 지하수가 고이는 웅덩이, 빗물이나 하천수를 끌어와 저장해 두는 작은 웅덩이를 포함하는데 둠벙은 농사를 지을 때 가뭄을 효과적으로 대비하는 데 활용되었다.

저수지와 둠벙이 물 관리에 효과적이라는 것은 납득할 수 있었지만 논이 물을 관리하는 방법이라는 것은 의외였다. 논은 농사를 짓는 농경지로만 생각했는데 물을 관리하는 하나의 방법이라고 생각해 본 적이 없었다. 우리나라는 쌀농사를 많이 짓는데 이 논이 홍수를 조절하는 기능을 한다고 한다. 평소 논농사를 지을 때 필요한 물의 수위는 약 4cm이며 논둑의 평균 높이는 27cm이다. 비가 많이 올 때 논이 23cm 높이의 물을 가두고 있는 셈이므로 논은 자연 댐의 역할을 한다. 23cm의 물 높이에 우리나라 모든 논의 면적을 곱하면 어마어마한 양의 물을 가둘 수 있다. 또한 논물 가운데 45%는 지하수로 저장된다고 하니 논이 많아지면 많아질수록 홍수 조절은 물론 지하수 확보에도 큰 도움이 된다.

남해의 다랭이논(계단식 논)은 비탈진 경사지를 개간하여 만든 논인데 이 논은 홍수 조절 기능뿐 아니라 계단식 구성으로 인해 빗물의 흐름을 조절하고 산에서 흙이 떠내려가는 현상도 방지한다고 하니 다랭이논을 만든 조상들의 지혜가 놀라웠다.

우리나라는 강수의 특성만 보아도 물을 관리하는 것이 쉽지 않은 환경임을 확인할 수 있다. 그러나 오랜 시간 이 땅에서 살아온 우리 조상들은 지혜로운 물 관리를 통해 우리가 이 땅에서 지금도 살아갈 수 있는 것이 아닐까 하는 생각도 해 보았다. 친구들과 이 수업을 하면서 빗물을 받아 활용하는 것도 중요하지만 우리나라의 강수 특징을 이해하고 홍수와 가뭄을 조절해 자연재해도 막고 지하수도 확보하는 물 관리가 얼마나 중요한지를 깨닫게 되었다.

◊ 비를 재는 것의 중요성!

"어제 비가 10mm 정도 왔다고 하는데 비가 좀 더 왔더라면 좋았을 걸."

"그런데 선생님 10mm 정도 오는 게 어느 정도의 양이에요?"

"10mm의 비가 오면 어느 정도의 비가 되는지 우리 한 번 알아보자. 선생님도 궁금하네."

일기예보에서는 강우량이라는 말도 쓰고 강수량이라는 말도 쓴다. 그래서 정확한 용어를 정의해 보면 좋겠다고 생각하고 친구들과 먼저 강수량에 대해 알아보았다.

일기예보에서 강수량을 이야기할 때 보통 mm 단위로 표현된다. 여름에 비가 많이 내리는 날에 100mm가 온다고 하면 체감적으로는 비가 많이 내린다고 생각하지만 100mm라는 수치가 얼마나 많은 비의 양인지 잘 가늠이 되지 않는다. 그래서 우리 지역의 면적을 100㎢라고 가정하고 10mm 정도의 비가 내렸을 때 빗물의 양을 구해보기로 했다.

3장

10mm의 비가 그리 많지 않다고 생각했지만 100㎢에 내리는 비의 양만으로도 어마어마한 양임을 깨달을 수 있는 기회가 되었다.

"그런데 비의 양은 어떻게 재는 걸까?"

친구들은 비의 양을 재는 방법에 대해 물었더니 잘 모르겠다고 했다.

"그럼, 조선시대 때 사람들은 비의 양을 어떻게 재었을까?"

"측우기를 사용했겠죠."

친구들은 측우기가 비를 측정하는 도구라는 것과 세종 시대에 만들어졌다는 사실은 알고 있었다. 그러나 측우기가 왜 발명되었는지, 어떻게 빗물을 측정했는지, 측우기로 측정한 빗물의 양이 어떻게 활용되었는지에 대한 질문에 친구들은 고개를 갸웃거렸다.

우리나라는 농사가 모든 백성의 생업이었기에 기후 특성상 날씨를 잘 관측하여 농사를 잘 지을 수 있도록 하는 것이 국가 차원에서도 매우 중요하게 여겼다. 그래서 매일 날씨와 기후를 관측하고 무지개, 우박, 빗물의 양까지도 꼼꼼히 기록했다고 한다. 측우기가 발명되기 전에도 '우택법'이라는 제도가 있었는데 이는 땅을 파서 빗물이 스며드는 정도를 측정하고 지역마다 측정된 양을 중앙으로 보고하는 방식이었다. 하지만 이 방법은 정확한 측정에 한계가 있었다.

측우기는 전국적으로 일정한 규격의 원형 철제 통에 비가 담기는 것을 자로 재어 비의 양을 정확히 측정할 수 있게 해주었고 지역마다 강우량을 비교하기도 쉬워졌다. 현재 빗물을 측정하기 위해 사용하

직접 제작한 간이 측우기

2024년 7월 9일, 구미시 문성리 강수량 50mL

는 우량계의 모습도 조선시대에 사용한 측우기와 크게 다르지 않음을 친구들에게 보여주었다. 측우기라는 것이 있다는 것은 알고 있었지만 측우기에 대해 자세히 알아봄으로써 빗물의 양을 재고 그 수치를 관리하는 것이 우리 조상들에게 얼마나 중요한 일인지를 알게 되었다.

"선생님! 다음 비 오는 날에는 우리 학교에도 비가 몇 mm나 내렸는지 한 번 재봐요."

창의적 빗물 받기 기구 만들기 프로젝트

◊ 지금 우리의 빗물 받기 이대로 괜찮은가?

비가 오는 날, 빗물을 받으러 가기 위해 우리 친구들이 가지고 나가는 준비물은 바가지다. 비가 오는 날 아침이면 우수관 밑에서 한 바가지씩만 떠와도 우리 반에서 실험할 물은 충분했지만 이제는 식물에게도, 금붕어에게도 주어야 하니 1인당 한 바가지만으로는 충분하지 못했다. 그리고 비가 거의 오지 않는 시기에는 빗물 대신 수돗물로 식물과 금붕어를 키워야 할 때도 있었기에 친구들에게 많은 양의 빗물을 모으는 것은 중요한 일이 되었다. 그래서 친구들과 함께 빗물을 보다 편리하게 그리고 더 많이 받을 수 있는 빗물 받기 기구를

3장

제작해 보기로 했다.

빗물 받기 기구를 만들기 전 친구들과 빗물을 받으면서 어떤 점이 불편했는지, 빗물을 받으면서 어떠한 문제들이 발생했는지에 대해 이야기를 들어 보는 시간을 가졌다. 먼저 모둠끼리 이야기를 나눈 후, 반 친구들과 함께 공유하는 시간을 가져 보았다. 친구들은 공통적으로 다음과 같은 문제점을 제기했다.

빗물 받기, 이런 문제가 있었어요

1. 우수관을 통해서 받아야만 많은 양의 비를 받을 수 있는데 우수관이 더러우면 빗물을 깨끗하게 받기 힘들다.

2. 우수관이 너무 땅과 가깝게 있어 빗물을 받을 때 손으로 그릇을 잡지 않으면 빗물을 받기 어렵다.

3. 우수관을 통해 빗물을 받으려면 우수관 옆을 지키고 있어야 하는데 수업 종이 치면 비가 오고 있어도 빗물을 받을 수 없다.

4. 빗물을 그릇에 받아서 들고갈 때마다 빗물을 자꾸 땅에 쏟게 된다.

5. 사물함에 보관한 그릇의 크기가 작아 한 번에 많은 양의 빗물을 받기가 어렵다.

지금까지 친구들의 빗물 받기 아이템은 바가지나 대야였다. 비가 많이 내리더라도 바가지나 대야를 그냥 두면 많은 양의 빗물을 받을 수 없다. 그렇기에 친구들이 손쉽게 많은 양의 빗물을 받으려면 우수관에 이용할 수밖에 없었다. 건물의 넓은 면적에서 모인 빗물이 아래

로 흐르는 우수관은 많은 양의 빗물을 받기에 적합하지만 집수면의 깨끗하기에 따라 빗물의 깨끗하기도 다르고 지면과 너무 가까이 닿아 있는 우수관의 위치 때문에 빗물을 받는 것이 쉽지 않을 때도 있었다. 특히, 교실이 4층에 있다 보니 한 바가지씩 빗물을 받아 올라갈 때 빗물을 복도나 교실에 쏟게 되는 경우도 많았다. 친구들이 제작할 창의적 빗물 받기 기구는 우리 반 빗물 받기 문제를 해결해 줄 수 있을까?

◊ 창의적 빗물 받기 기구를 만들기 전에

우리 생활에서 불편함을 해소하고 문제를 해결하기 위해 지금까지 없었던 물건 또는 방법을 새롭게 만들어 내거나 더 유용하게 개선하는 것을 발명이라고 한다. 따라서 창의적 빗물 받기 기구 만들기도 발명이라고 할 수 있다. 실과에서는 발명하는 과정을 비롯해 발명 기법 등의 내용을 다루고 있다.

우리 반 친구들은 발명 활동에 대한 경험이 전혀 없었기에 창의적 빗물 받기 기구를 만들기 전에 아이디어 구상에 도움을 줄 수 있는 SCAMPER 기법에 대해 알아보았다.

Substitute (대체하기)	다른 재료나 방법으로 대체할 수 있는가?	컵 ⇨ 종이컵, 젓가락 ⇨ 나무젓가락
Combine (결합하기)	다른 아이디어와 결합할 수 있는가?	티셔츠+모자=후드티 휴대폰+컴퓨터=스마트폰
Adapt (적용하기)	다른 용도로 사용할 수 있는가?	민들레 씨 낙하모습 ⇨ 낙하산
Modify (수정하기)	크기나 모양을 바꿀 수 있는가?	데스크탑 ⇨ 축소 ⇨ 노트북
Put to another use (다른 용도로 사용하기)	다른 용도로 사용할 수 있는가?	계란판 ⇨ 방음벽 진흙 ⇨ 머드팩
Eliminate (제거하기)	불필요한 부분을 제거할 수 있는가?	유선 청소기 ⇨ 무선 청소기
Reverse (반전하기)	순서나 구조를 반대로 할 수 있는가?	김밥 ⇨ 누드김밥 양말 ⇨ 발가락양말

발명 기법에 대해 알아본 후, 친구들은 빗물 받기 기구를 만들기 위해 3~4명씩 자유롭게 모둠을 구성했다. 각 모둠은 빗물 받기 기구 아이디어 구상부터 제작의 모든 과정을 함께 진행하기로 했다. 조금 걱정되는 모둠도 있었지만 믿어보기로 했다. 어찌 되었든 시작하면 어떤 작품이라도 나올 테니 말이다.

◊ 창의적 빗물 받기 기구 만들기 시작!

친구들은 창의적 빗물 받기 기구를 위해 친구들에게 주어진 시간은 2주였다. 빗물 받기 기구에 대한 아이디어를 얻기 위해 검색해 본 결과, 주로 농사용 빗물 받기 기구와 아파트에서 식물에 물을 주기 위해 사용하는 간단한 기구들이 많았다. 심지어 페트병을 반으로 잘라 위쪽 오목한 부분을 뒤집어 깔때기처럼 사용해 빗물을 받는 사례도 있었다.

블로그와 유튜브 영상 등을 통해서는 빗물을 많이 받기 위해 집수면이 넓어야 한다는 점을 알 수 있었다. 그러나 농사를 위해 만든 빗물 통은 집수면을 깨끗이 하지 않은 상태로 사용하는 경우가 많아 빗물 통의 물이 흙탕물인 경우도 있었다.

그래서 친구들은 빗물을 많이 받는 것도 중요하지만 빗물을 깨끗이 받는 것도 중요하다는 데 의견을 모았다. 그리고 비가 올 때마다 다시 사용할 수 있되 교실의 공간을 많이 차지하지 않을 수 있는 기구를 만들어 보기로 했다.

이런 창의적 빗물 받기 기구를 만들어 봅시다!

1. 빗물을 많이 받을 수 있는 기구 만들기
2. 빗물을 깨끗한 상태로 모을 수 있는 기구 만들기
3. 교실 공간을 많이 차지하지 않는 기구 만들기

여섯 모둠 친구들은 SCAMPER 기법을 적용하여 빗물 받기 기구 아이디어를 내고 설계도를 제작했다. 친구들은 주로 결합하기, 다른 용도로 사용하기 기법을 적용한 아이디어가 많았다.

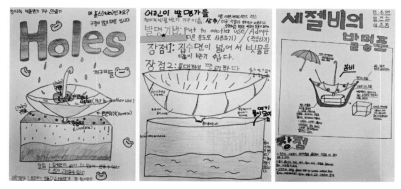

창의적 빗물 받기 기구 설계도

설계도에 따라 만들기 위해 재료를 준비하고 시간이 날 때마다 제작에 최선을 다했다. 빗물 받기 기구를 만들기 시작하면서 나의 퇴근 시간도 늦어졌다. 친구들 중 일부는 빗물 받기 기구를 만든다고 집에 늦게 가고 심지어 학원을 갔다가 다시 교실에 돌아와 작업하는 친구들도 있었다. 늦게 집에 가는 것이 어려운 친구들은 7시부터 등교해 빗물 받기 기구를 만들었다.

열심히 작업했지만 만드는 과정은 결코 쉽지 않았다. 간단히 만들 수 있을 것 같았지만 실제로 만들어 보니 물이 새거나 접착면이 벌어져 다시 붙여야 하는 상황이 계속 반복되었다. 구멍을 내다가 플라스틱 통이 깨져버리는 난감한 경우도 있었다. 그럼에도 불구하고 친구들은 포기하지 않고 주어진 시간 동안 만들고 또 만들기를 반복했다.

2주 후 드디어 창의적 빗물 받기 기구 1차 작품 6개가 완성되었다.

우산을 뒤집어 집수면은 넓게!
우산 속 많은 구멍은 빗물을 아래로!
<작품명: HOLES>

투명한 집수면을 빗물이
즐겁게 타고 내려와 통으로 쏘옥!
<작품명: 빗물 Slide>

◊ 빗물 받기는 우리가 최고!

빗물 받기 기구가 완성되었지만 비 오는 날에 직접 확인해 볼 필요가 있었다. 친구들이 만든 기구가 각 모둠의 의도대로 실제 상황에서 빗물을 더 많이, 깨끗하게 받을 수 있는지를 점검해야 했다. 비 오는 날에 1차 작품을 테스트하고 그 결과를 바탕으로 수정 및 보완하여

3장

최종 작품을 완성하기로 했다.

1차 테스트를 위해 비가 오기를 기다렸지만 기다리는 비는 오지 않았다. 1차 작품 완성 3일 후, 드디어 아침부터 많은 비가 내렸다. 아침에 출근해 보니 교실에는 아무도 없었다. 모두 빗물 받기 기구를 테스트하러 밖으로 나간 것이었다. 친구들은 여기저기서 각자 모둠의 빗물 받기 기구로 빗물을 받느라 여념이 없었다. 운동장 저쪽에서는 우산도 쓰지 않고 비를 맞고 다니는 친구들도 보였다. 감기에 걸릴까 걱정되어 큰 소리로 불러 겨우 비를 피하게 했다.

유치원 놀이터에 빗물 받기 기구를 두고 빗물을 받으면서 각 모둠별 기구의 문제점을 파악했다. 비가 그친 후 빗물 받기 기구를 확인해보니 우산을 뒤집어 집수면을 넓게 만든 모둠이 가장 많은 빗물을 받았다. 통에 OHP 필름을 붙여 깔때기 모양으로 집수면을 만든 친구들은 아이디어는 좋았지만 집수면이 작아 모이는 물의 양이 많지 않았다. 집수면이 넓어야 빗물이 잘 모인다는 것을 알고는 있었지만 각자가 생각하는 '넓다'는 정도가 달라 각 작품에서 집수면의 크기는 제각각이었다.

1차 테스트 후, 모든 친구들이 어디선가 우산을 들고 오기 시작했다. 그리고 우산을 뒤집고 물이 밑으로 빠질 수 있도록 구멍을 뚫어 집수면을 만들었다. 집수면을 받쳐두는 통도 좀 더 용량이 큰 것으로 바꾸었다.

"선생님! 어떤 기구가 빗물을 좀 더 많이 모을 수 있는지 대결 어때요?"

친구의 제안에 모두가 찬성했다. 얼마 전 비가 오는 날 친구들과 함께 라면을 먹으려고 컵라면을 미리 사 두었는데 빗물 받기 기구로 빗물을 가장 많이 받은 팀에게 라면 두 개와 라면 종류를 가장 먼저 고를 수 있는 선택권을 주기로 했다. 그게 뭐라고 친구들은 우리가 가장 빗물을 많이 받겠다고 기구를 수정하고 또 수정했다.

빗물 받기를 하기로 한 날, 일기예보에서는 비가 올 것이라고 했지만 그날은 화창해도 너무 화창했다.

"와! 비가 안 오네! 기우제라도 지내야 하는 건가?"

라면을 못 먹는 것이 아쉬운 건지, 빗물 받기 대결을 할 수 없는 게 아쉬운 건지 친구들은 비가 오지 않는 것을 매우 아쉬워했다. 그리고 며칠 뒤, 드디어 비가 내렸다. 과연 라면 두 개를 먼저 고를 수 있는 기회는 어떤 팀에게 돌아갔을까?

가장 빗물을 많이 받은 팀은 〈봄비〉 팀이었다. 이 팀은 1차 제작 때부터 우산을 뒤집어 최대한 많은 빗물을 받을 수 있도록 하면서도 언제든 우산을 접고 펼 수 있어 교실에 보관할 때 공간을 덜 차지하는 간단한

3장

구조로 만들기 위해 노력했다. 1차 제작 실험 때도 가장 많은 빗물을 모았었는데 실전에서도 역시 가장 많은 빗물이 모았기에 라면 두 개를 고를 수 있는 영광을 얻었다.

두 개의 라면을 얻은 1등이 조금 부럽긴 해도 2등을 했건, 3등을 했건 등수는 크게 신경 쓰지 않는 것 같았다. 1등만 라면을 먹을 수 있는 것이 아니었기에 교실에서 라면을 먹는다는 그 사실만으로 친구들은 너무 행복해했다.

컵라면을 먹으며 나에게 친구들이 '엄지척!'을 해 주었다.

"선생님! 고생한 대가로 먹는 라면이라 그런지 더 맛있는 거 같아요."

빗물은 왜 모아야 할까?

◊ 빗물을 모아 쓰는 게 물을 절약하는 거니까요

빗물 수업을 하면서 주변 선생님들과 친구들에게 '빗물을 왜 모으냐?'는 질문을 많이 들었다. 우리 반 친구들에게는 빗물을 모아야 하는 이유가 명확했다. 빗물의 산성도를 알아보는 데 필요했고, 빗물의 깨끗함을 확인해야 했으며, 빗물 수업을 위한 다양한 활동에도 필요했기 때문이다. 이건 빗물 수업을 진행하기 위한 우리 반만의 이유라면 빗물을 모아야 하는 진짜 이유가 궁금한 사람들에게는 어떻게 이야기해야 할까?

3장

커피 1잔에 140L

우유 1L에 1,000L

햄버거 1개에 2,500L

위에 표시된 물의 양은 바로 커피, 우유, 햄버거가 만들어져서 폐기될 때까지 사용되는 물의 양, 즉 물발자국이다. 친구들과 함께 〈지식채널 e: 당신의 물 발자국〉이라는 영상을 보며 물발자국이라는 것이 무엇을 의미하는지 그리고 일상생활 속 우리가 얼마나 많은 물을 사용하는지를 확인할 수 있다.

"선생님! 물 발자국에 대해서 알고 나니까 물건을 아껴 쓰는 것이 물을 아껴 쓰는 거라는 걸 알게 되었어요."

"그렇지. 그런데 얘들아! 물발자국은 눈에 보이지 않는 물까지도 다 포함한 내용이잖아. 그렇다면 우리가 직접 쓰는 물의 양은 얼마나 될까? 혹시 내가 샤워할 때 물을 얼마나 쓰는지 아는 사람?"

"5L?"

"Up!"

"10L?"

"Up!"

자연스럽게 Up&Down 게임이 시작되었다. 샤워 1회 물 사용량이 평균 75L 정도가 된다는 말에 친구들은 놀라워했다. 화장실 양변기물 한 번 내리는데 13L, 1일 양치질과 세수를 하는 데 사용하는 물의 양은 평균 9.5L 정도임을 함께 알아보았다. 매일, 우리의 일상생활 가운데 이렇게 많은 물이 쓰인다면 '나는 그리고 우리 반 친구들은 매일 얼마만큼의 물을 사용하고 있을까?'에 대해 알아보기로 했다. 우리가 학교, 학원, 집에서 사용하는 모든 물의 양을 측정할 수는 없으니 가정에서 사용하는 양을 객관적으로 알아볼 수 있는 방법으로 상수도 요금 고지서를 활용해 보았다. 상수도 요금 고지서를 보면 한 달 동안 우리 가정에서 사용한 상수도량을 확인할 수 있다. 상수도 사용량을 30일 또는 31일로 나누면 하루 동안 우리 가정에서 사용하는 물의 양을 쉽게 구할 수 있으며 가족의 수로 나누면 우리 가족 1인당 사용하는 평균 물 사용량을 알 수 있다.

> **하루 동안 내가 사용하는 물 사용량은? _우리 가정 예시**
> 4월 우리 가정 당월 상수도 사용량: 38t
> 1일 우리 가정 물 사용량: 38t÷30일=1.26t(소수 셋째 자리 버림)
> 우리 가족 1인당 물 사용량: 1.26t÷5명=0.252t(252L)
> *1t=1,000L

우리 반 친구들의 1인 하루 평균 물 사용량은 208.9L였다. 우리나라 1인 하루 평균 물 사용량이 213L인데 가정에서만 사용하는 물의 양을 계산한 것이었으므로 가정 외에 사용한 물의 양까지 합쳐진다면 거의 비슷하지 않을까. 우리나라는 1인 하루 평균 물 사용량이 세계 3위인데 친구들이 계산한 수치는 일상생활에서 얼마나 많은 물을 사용하는지 잘 보여준다.

사실 우리는 언제든지 물을 쉽게 구할 수 있는 환경에 살고 있다. 수도꼭지를 틀면 물이 콸콸 나오고 목이 마르면 언제든 생수병에 들어 있는 시원한 물을 마실 수 있다. 그래서일까? 내가, 우리 반 친구들이, 우리 가족이 하루에도 이렇게 많은 물을 사용하고 있다는 것을 직접 계산했으면서도 친구들은 믿기 힘들어했다.

그렇다면 우리나라는 이렇게 물을 많이 사용해도 문제가 없는 걸까? '대한민국은 물 부족 국가'라고도 하고 반대로 '대한민국은 물 부족 국가가 아니다'라고 이야기하기도 한다. 하지만 여기서 중요한 점은 물이라는 자원은 한정되어 있다는 것이다. 우리처럼 이렇게 많은 물을 사용하다 보면 언젠가는 한정된 물 자원이 부족해질 수 있다는 것을 누구나 예상할 수 있다.

결국 '물 부족 국가다, 아니다'라는 논의가 중요한 것이 아니라 우리가 물을 어떻게 사용하고 관리해야 하는지가 핵심이라는 것이다. 친구들과 자신들이 사용하는 물의 양을 알아보면서 각자가 얼마나 많은 물을 사용하고 있는지 알게 되었다. 또한 다른 나라들과 비교했을 때도 상당히 많은 양의 물을 사용하고 있다는 사실도 확인할 수 있었다.

이렇게 물을 쓰면 지금은 아니더라도 미래의 물 부족을 앞당기는 것이라는 것도 깨달을 수 있었다. 이를 통해 우리의 결론은 '물을 아껴 써야 한다'는 것이었다.

"그렇다면 우리는 물을 아껴 쓰기 위해 어떻게 해야 할까?"

"5분 안에 샤워하기, 양치컵 사용하기요."

"선생님! 빗물을 받아 쓰는 것도 물을 아껴 쓰는 방법이에요."

"빗물을 받아 쓰는 거랑 물을 아껴 쓰는 거랑 어떤 관련이 있기에?"

"보세요. 우리가 빗물을 받아서 식물에게도 주고, 청소할 때도 쓰고, 금붕어 물도 갈아주잖아요. 빗물을 사용하지 않았다면 이것도 다 수돗물을 써야 하는 거예요. 그런데 우리는 빗물을 사용하니 그만큼 수돗물 사용을 줄일 수 있죠."

"맞아요. 그리고 수돗물은 돈도 내야 하는데 빗물은 공짜잖아요."

그렇다. 우리 반 친구들은 이미 빗물을 받아 쓰는 것을 실천하고 있었기에 실생활 속에서 물 사용을 줄이고 있었으며 빗물을 활용해 물을 절약하는 방법도 알고 있었다.

친구들과 수업을 정리하면서 독일의 빗물 활용 이야기를 들려주었다. 독일은 빗물 저장 탱크 설치 비용 지원과 빗물 활용 시 세금을 줄여주는 등의 정책을 통해 일상생활 속 빗물 활용을 오래전부터 적극 지원하고 있다. 단, 대기오염과 새들의 배설물로 인한 집수면 오염이 염려되어 마시는 물로는 활용하지 않지만 정원 용수, 세차 용수,

세탁 용수, 화장실 용수 등의 생활용수로 빗물을 활용하고 있다. 그리고 베를린 소니센터, 하노버 엑스포 박람회장 같은 공공건물에도 빗물 저장 시설을 설치해 다양하게 활용하고 있다. 이렇게 독일이 빗물을 적극적으로 활용한 결과, 수돗물 사용을 거의 절반 가까이 줄일 수 있었다. 독일의 1인당 하루 물 사용량은 122L인데 이는 우리나라의 1인당 물 사용량과 비교하면 거의 절반 수준이다. 이렇게 물 사용을 줄일 수 있었던 이유가 빗물 활용이었다는 이야기를 듣고 우리 반에서 빗물을 활용해 식물에게 물을 주고, 칠판 청소도 하고, 가끔은 물을 많이 사용해야 하는 천연 염색에도 사용하고 있다는 사실에 친구들은 굉장히 뿌듯해했다.

"선생님! 다음 비 오는 날에는 빗물을 더 많이 모아야겠어요. 빗물을 모아 쓰는 게 물을 절약하는 거니까요."

◊ 우리나라는 빗물 관리가 필요해!

하늘에 구멍이라도 났나? 비가 많이 오면 올수록 빗물을 많이 받을 수 있어 좋아하던 친구들도 와도 와도 너무 많이 오는 비를 걱정할 때쯤 강남역 침수 사건을 접하게 되었다. 서울에서도 가장 잘 정비된 도심 중 하나인 강남역 일대가 큰비에 속수무책으로 잠겨 버리는 모습을 친구들과 함께 영상으로 보면서 왜 강남역이 침수되었을까에 대해 이야기를 나누었다.

"지구 온난화 때문에 비가 많이 와서 그래요."

"맞아요. 이상 기후예요."

대세는 지구 온난화로 인한 이상 기후였는데 한 친구가 손을 번쩍 들더니 이렇게 말했다.

"물 관리를 못 해서 그런 거라는데요."

누가? 한무영 교수님이. 빗물 수업을 하면서 한무영 교수님이 쓰신 빗물과 관련한 다양한 책들을 많이 읽었는데 우리나라는 빗물 관리가 필요하다는 내용을 기억하고 한 말이었다. 그래서 친구들과 이 주제로 이야기를 나누기로 했다.

"그럼 혹시 우리가 봤던 책에서 빗물 관리를 해야 하는 이유가 무엇인지 생각나니?"

"음. 책을 보면 생각날 거 같은데요. (싱긋)"

"우리나라는 언제 비가 가장 많이 올까요?"

"7, 8월이요."

"지금이 여름이니까 한참 비가 많이 올 때네요. 이번에 강남역 일대가 물에 잠기는 사건으로 뉴스에 많이 나왔는데 그렇다면 강남역은 이번 해에만 물에 잠겼을까요?"

그런데 우리는 서울 사람도 아니고 강남 근처에 사는 것도 아니기에 강남역이 계속 물에 잠겼는지 어땠는지는 알 도리가 없었다. 그래서 친구들과 함께 강남역이 물에 잠겼던 해와 계절에 대해 조사한 결과, 이전에도 여름에 집중호우로 인해 침수가 된 적이 있음을 알게 되었다. 그렇다면 강남역 일대가 자주 침수되는 이유는 무엇인지에 대해 생각해 보기로 했다. 도시는 대부분 아스팔트와 시멘트로 되어 있어 물이 스며들지 못하고 갑자기 물이 불어나 그런 일이 생기는 것이 아닐까, 라는 이야기가 많았다. 강남역 근처에 지형적 문제와 도시가 만들어지는 과정에서 생기는 다양한 문제가 있겠지만 강남역 일대 홍수는 여름에 집중적으로 비가 내리는 우리나라 기후의 특징과 빗물이 스며들 수 없는 아스팔트와 시멘트 바닥 때문이라고 생각을 모았다. 그리고 기후 변화로 인해 해마다 집중호우로 인한 홍수가 잦아지고 있는데 매년 더 많은 양의 비가 온다면 강남역 홍수와 같은 일들이 도시 곳곳에서 더 많이 생길 것이라는 생각도 덧붙였다. 친구들의 생각은 일리가 있었다.

한무영 교수님의 책에서도 지적하듯이 콘크리트와 아스팔트로 덮인 도시는 홍수의 위험에 처할 수 있다. 빗물이 땅으로 스며들지 못해 지표를 따라 빠르게 흘러가고 결국 하수구와 강으로 한꺼번에 몰려들어 홍수를 일으킬 수 있기 때문이다. 이를 해결하기 위해 교수님은 비가 올 때 빗물을 곳곳에서 소규모로 모으거나 땅속으로 침투시키는 방법을 제안하셨다.

강남역 침수 사건을 계기로 친구들과 이야기를 나누면서 빗물을 모아두는 것의 중요성을 다시 생각하게 되었다. 단순히 빗물을 모으는 것만이 아니라 비가 많이 올 때 빗물을 땅으로 침투시키고 빗물이 떨어지는 곳곳에서 빗물을 모아 한꺼번에 하수구와 강으로 흘러드는 양을 줄이는 빗물 관리가 필요하다는 것을 깨달았다.

결국, 빗물을 모아 관리하는 것은 물을 아끼는 것 이상으로 홍수와 같은 자연재해를 예방하는 중요한 방법임을 알게 되었다. 이번 수업을 통해 빗물 관리의 중요성을 깨닫고 이를 어떻게 실천할 수 있을지 깊이 고민하게 된 의미 있는 시간이었다.

◊ 이젠 말할 수 있다! 빗물을 모아야 하는 이유

빗물을 모아야 하는 이유에 대해 알아본 후, 친구들과 함께 빗물을 모아야 하는 이유를 알릴 수 있는 광고를 만들어 보았다. 친구들은 빗물을 모아야 하는 이유 중, 자신이 생각하기에 더 많은 사람들에게 알릴 가치가 있다고 생각하는 주제를 선정하여 표현하는 활동을 했다. 친구들은 다음과 같은 메시지를 전해주었다.

수업 후 한 친구가 나에게 이런 말을 해 주었다. 빗물을 받고 빗물로 실험도 할 수 있어서 빗물 수업을 좋아했는데 빗물을 활용하고 관

빗물을 모아야 하는 이유 포스터

리하는 것이 이렇게 중요한 일이라는 것을 알게 되니 우리 반에서 빗물 수업을 하는 것이 자랑스럽게 여겨진다고 말이다. 이제 친구들은 비가 오면 빗물은 산성비도 아니고 깨끗한 물이라는 말 외에 몇 마디를 더 덧붙일 수 있게 되었다. 빗물을 모으면 물도 아끼고 홍수 같은 자연재해도 막을 수 있다고 말이다.

빗물은 어떻게 활용되고 있을까?

◊ 구글 신사옥 베이 뷰도 빗물을 활용한다!

빗물을 잘 활용하면 물 자원과 에너지를 아낄 수 있을 뿐만 아니라 빗물이 땅에 스며들게 하면 지하수도 확보할 수 있고 하수도로 한꺼번에 흘러드는 것을 막으면 홍수도 예방할 수 있다. 이처럼 빗물은 우리의 삶에 중요한 문제들을 해결하는 열쇠가 될 수 있다. 이 사실을 알고 나면 친구들은 자연스럽게 이렇게 유익한 빗물을 실제로 잘 활용하고 있는 곳이 어디인지 궁금해하곤 한다. 그래서 친구들과 함께 빗물을 효과적으로 활용하는 사례들을 알아보기로 했다. 과연 빗물은 어디에서, 어떻게 사용되고 있을까?

2023년 2월, 나는 구글 신사옥 베이 뷰 캠퍼스를 방문했다. 구글을 직접 방문한다는 것만으로도 큰 기대가 있었지만 베이 뷰 캠퍼스는 건축 전부터 모든 에너지를 건물 자체에서 생산하여 활용하는 무탄소 에너지 건물로 지어진다는 점이 화제가 되었기에 어떻게 탄소를 발생하지 않고도 에너지를 자급할 수 있을지가 궁금했다.

베이 뷰 캠퍼스는 용비늘 형태의 지붕과 규모, 구글만의 창의적인 공간 활용이 돋보였다. 이곳은 지붕에 설치된 9만 장의 태양광 패널과 외부 풍력 발전을 통해 필요한 전기의 대부분을 확보하고 지열을 이용해 냉난방에 필요한 에너지를 충당한다. 하지만 나의 귀를 가장 솔깃하게 만든 부분은 베이 뷰 캠퍼스의 거의 모든 물이 빗물을 활용한다는 것이었다. 빗물을? 어떻게?

구글 신사옥이 위치한 캘리포니아는 가뭄으로 인해 물이 부족하고 산불이 자주 발생한다. 그래서 물을 아껴 쓰는 것은 건축물을 짓는 데 있어 매우 중요한 과제로 여겨진다. 베이 뷰 캠퍼스의 용비늘 형태의 지붕은 태양광 패널만 설치된 것이 아니라 빗물을 받아 모을 수 있는 구조로 설계되었다. 또한, 외부에 지상 연못을 만들어 비가 올 때마다 모으며 이렇게 수집된 빗물은 간단한 처리를 거쳐 구글 건물 곳곳의 화장실 용수, 조경 용수, 냉각 용수로 사용된다.

오전 내내 베이 뷰 캠퍼스에 머물면서 구글의 창의적인 업무 환경을 경험하는 것도 신선했지만 화장실을 사용하고 물을 내리면서 식물에게 물을 주는 모습을 보며 이곳에 사용되는 모든 물이 빗물이라는 사실이 신기할 따름이었다. 내가 베이 뷰 캠퍼스를 방문한 날은 비가 내렸다. 지금 내리는 이 빗물이 모여 건물 곳곳에 사용되고 다시 사용된 물은 자체 정화 시스템을 통해 재사용되는 것은 상상하는 것만으로도 멋진 일이라고 생각했다. 세계적 기업에서 이렇게 빗물 활용에 앞장서고 있으니 앞으로 더 많은 곳에서 빗물을 가치 있게 활용하는 모습을 만나게 될 것이라는 기대가 생겼다.

◊ 해외에서는 빗물을 어떻게 활용하고 있을까?

그렇다면 해외의 다른 나라들은 빗물을 어떻게 활용하고 있을까? 마침 사회 시간에 세계 여러 나라에 대해 배우고 있었기에 친구들에게 빗물을 활용하는 나라들과 그 사례를 조사해 〈빗물 활용 세계 지도〉를 만들어 보자고 제안했다.

친구들은 책과 인터넷 자료를 통해 빗물을 활용하는 나라들과 그 사례들을 조사했다. 조사한 내용을 바탕으로 친구들은 해외의 다양한 빗물 활용법 설명 자료를 만들었다. 커다란 세계 지도는 해외 각국의 다양한 빗물 활용법으로 하나둘 채워지기 시작했다.

미국. 구글 베이뷰 캠퍼스
사옥의 천
장은 캐노피
빗물모아
재활용가능.
90%이상의 물공급. 연못에서
빗물모아 냉각수. 화장실용수
식물 키우기에 사용

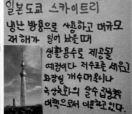

일본도쿄 스카이트리
냉난 방용으로 사용하고 머규모
재해가 일어 났을 때
생환용수로 제공될
예정이다 저수표로 세인
화장실 개수머용이나
녹상환화의 살수집뱅켓
머랙으로서 이뤄고 있다.

싱가포르 쥬얼 창이 공항
쥬얼 창이공항에는 레인 보텍스
(Rain Vortex)라고늘는 폭포가 있는데
이 폭포는 실내온도를 적절하게조절
하는 것뿐만 아니
라 관광명소로도
유명함.

　친구들의 자료를 살펴보면 빗물 활용 시설이 가장 많이 설치된 나
라는 역시 독일이다. 독일이 빗물 활용을 잘하고 있다는 사실은 친구
들도 너무 잘 알고 있었다. 하지만 이번 자료를 조사하면서 독일에는
흥미로운 세금, 즉 '빗물세'가 있다는 것을 알게 되었다. 이 세금은 독

일인들조차 황당하게 여기는 세금이지만 그들은 매월 일정액을 납부하고 있다.

빗물세의 계산법은 이렇다. 예를 들어, 집 평수가 50평이라면 해당 면적만큼의 비가 땅으로 흡수되지 않고 하수구로 흘러 들어가므로 그에 대한 하수 요금을 내는 것이다. 비가 오든 안 오든 매달 일정량의 빗물세를 납부해야 한다. 1990년대부터는 새 건물을 짓거나 도로를 건설하는 경우 건축자나 집주인에게 빗물세가 부과되고 있으며 빗물 활용 시설이나 침투 시설을 설치하면 세금 감면 혜택을 받을 수 있다.

빗물세의 원래 목적은 비가 올 때 증가하는 하수 처리 비용을 마련하기 위한 것이었지만 빗물 활용 시설이나 침투 시설을 설치하면 세금을 줄여주는 덕에 나라 곳곳에서 빗물 활용에 적극적으로 참여하게 되는 효과가 있었다. 베를린의 소니센터는 정원 용수와 화장실 용수에 빗물을 활용하고 다임러 벤츠 사옥은 옥상 녹화를 통해 빗물의 80% 이상을 저류하여 생활용수로 이용하는 등 이러한 사례들은 독일만의 독특한 빗물세가 빗물 활용을 촉진했음을 말해주는 예라 할 수 있을 것이다.

일본 또한 빗물을 적극적으로 사용하고 있는 나라 중 하나이다. 1980년대 스미다구의 홍수와 물 부족 문제를 극복하기 위해 빗물 활용이 시작되었고 스미다구의 건물들에는 빗물 이용 시설이 설치되어 홍수에 대한 걱정이 줄어들었다. 일본은 지진이 잦은 나라로 빗물을 지하 저장 탱크에 저장해 전기가 끊길 경우 생활용수와 식수로 사용하는 시스템이 있다. 도쿄의 스카이타워 지하에는 약 2,635t의 빗물을 모을 수 있는 저류조가 설치되어 화장실 용수와 정원 용수는 물론 집중호우 시 홍수 대비 시설로도 활용된다.

또한 싱가포르의 마리나베이샌즈 호텔과 주얼 창이 공항도 다양한 방법으로 빗물을 활용하고 있다. 특히 주얼 창이 공항에는 세계 최고 실내 폭포인 레인 보텍스가 설치되어 자연 빗물을 인공 폭포로 사용하며 건물 내 물 사용과 환기, 냉각에도 긍정적인 역할을 한다.

이처럼 많은 나라들이 다양한 방법으로 빗물을 활용하고 있으며 수자원으로서의 활용 방법에 대해 고민하고 적용하고 있다. 그렇다면 우리나라는 어떨까? 친구들은 선생님과 빗물 수업을 진행하며 빗물도 활용할 수 있다는 것을 알게 되었지만 우리나라에서 빗물을 활용하는 시설이나 사례에 대해서는 알고 있는 것이 없다고 했다. 정말 우리나라에는 빗물을 활용하는 곳이 없는 것일까?

◊ 우리나라는 빗물을 어떻게 활용하고 있을까?

우리나라는 현재 어떤 곳에서 빗물을 활용하고 어떻게 관리하고 있는지에 대해 친구들과 함께 알아보는 시간을 가졌다. 모둠별로 우리나라에서 빗물을 활용하고 관리하는 다양한 사례를 수집하도록 했다. 친구들이 찾은 사례들을 구글 잼보드에 정리하며 공동으로 조사 자료를 제작하였다. 잼보드에 올라온 조사자료들을 보니 빗물을 잘 활용하는 특정 지역이 눈에 띄었다. 그래서 우리는 도시별로 빗물 활용 사례를 정리해 보기로 했다.

🫧 서울의 빗물사용 알아보기! 🫧

출처:google
출처:NAVER

서울대 기숙사 빗물 이용 시스템은 상수 사용량의 절감, 홍수방지, 비상시의 수취확보, 교육 및 연구에 목적이 있으며, 실제 주거지역에서 처음으로 빗물을 화장실 용수로 이용된다는 점 등을 조사한 것으로 보인다

[서울시 빗물 이용도]

서울 스타시티에는 3,000톤 규모의 빗물저장조가 설치되어 연간 약 4만톤의 빗물을 재활용하고 있다 그래서 수도물 사용량이 약 20%및 감모드,빗물이용시설 설치로 운영비를 제외하고 수도요금 약400만원의 절약이 가능함

서울에서 도봉구 5곳에 빗물마을을 설치했다. 빗물마을은 하수구로 빨려들어가는 수자원인 빗물을 버리지 않고 재활용해 물을 절약할수 있는 방법들이 많아지고 있다

관악구는 앞서 관내빗물받이 2만6177곳을 대상으로 일제정비를 완료했으며 지난달 말까지 빗물받이 청소를 한곳당 평균 2회 실시했다.

서울시 곳곳에 빗물을 활용한 실개천이 생긴다.그 실개천을 활용하면 연5억원 이상의 비용을 절약할수 있다

서울수목원 주차장과 잔디광장은 빗물 정원으로 조성하여 빗물을 천천히 침투 및 여과 시켜 빗물을 최대한 이용하도록 하였고 강우시 유량 완화,아름다운 경관창출,생물 서식처를 위한 생태공간의 기능등을 가지고 있다

🫧 수원시 .. 빗물 활용 은? 🫧

이것은 수원시 화서1동 한주택 옥상에서 빗물기구가 설치된 사례입니다. 빗물을 받아 사용합니다. 이뿐만 아니라 화서1,2동 또는 각 가정이나 어린이집등 여러곳에서 빗물을 받아 사용하고 있습니다.

수원의 일월수목원 입니다. 그곳에는 빗물을 사용하고 이용하는 빗물정원입니다. 그곳에있는 식물들은 빗물로 키워집니다.

이 모습은 수원 월드컵 경기장에 설치된 '중수도'활용 시설입니다. 여기사는 중수도를 받아서 다른 용도로 사용 하는것을 말합니다. 그래서 이것은 빗물을 담는 탱크라고 볼수있습니다. 이곳로 모은 빗물을 저장하는 곳 입니다.

이것은 레인가든 입니다. 이곳은 청소년문화공원에 있습니다. 2018년도에 개방 했습니다. 위사진의 4개의 빗물저금통은 레인가든에 있는 빗물 저금통입니다.

우리 지역에서는 빗물 활용 시설을 접하기 어려웠지만 생각보다 다양한 지역에서 빗물을 가치 있게 활용하기 위한 노력이 이루어지고 있었다. 빗물을 모으는 저금통을 만들어 화장실 세정 용수나 조경 용수로 활용하는 사례는 여러 지역에서 흔히 찾아볼 수 있었다. 또한 투수 블록 포장, 침투 도랑, 빗물 정원 등을 조성하여 빗물이 배수구를 통해 하천으로 흘러가지 않고 지역의 땅속에 물을 채우기 위해 특별히 노력하는 도시들의 사례도 눈에 띄었다.

서울과 수원은 일찍부터 빗물 활용에 가장 적극적인 도시로 알려져 있으며 우리 지역과 가까운 안동도 최근 물순환 선도 도시 사업을 통해 빗물을 땅속에 채워 물을 순환시키고 적극적으로 활용하려는 노력을 기울이고 있었다.

"선생님! 조사하기 전에는 우리나라에 빗물을 활용하는 곳이 거의 없을 줄 알았는데 찾으면 찾을수록 신기하고 재미있는 빗물 활용 시설들이 많더라고요."

우리나라의 빗물 활용 시설에 대해 알아보는 활동을 통해 친구들은 먼 나라나 이웃 나라들만이 아닌 우리나라 곳곳에서도 빗물을 활용하고자 하는 다양한 노력을 엿볼 수 있었다.

◊ 우리 지역에도 빗물 활용 시설이 생겼으면 좋겠어요

"제주도 서귀포 월드컵경기장에서 지붕으로 빗물을 받아 사용한다고 하는데 둥근 지붕에서 어떻게 빗물을 받을 수 있나요?"

"집수면이 있어야 빗물을 받을 수 있는데 수원의 빗물 주유소는 집수면이 보이지 않는데 어떻게 빗물을 받을 수 있나요?"

"창원에서는 빗물로 배추를 키워서 수돗물도 아끼고 배추 농사도 더 잘 되었다는데 혹시 빗물로 다른 농사를 짓는 사례는 없나요?"

우리나라 빗물 활용 시설에 대해 모둠별로 발표한 후 친구들의 질문이 끊이질 않았다. 해외 사례에 대해 알아볼 때는 독일, 일본과 같은 나라들이 원래 빗물을 잘 사용하고 있다고 생각해서인지 아니면 먼 나라의 이야기라 그런지 '아! 그렇구나!' 조금 놀라는 정도의 반응이었다면 우리나라 빗물 활용 시설에 대한 친구들의 반응은 좀 더 적극적이었다. 원래 발표하고 질의 응답시간을 1시간 정도 예상했는데 친구들은 시간이 가는 줄 모르고 질의응답을 이어가는 바람에 3시간이나 훌쩍 흘러가 버렸다.

수업 후, 점심시간에 종훈이와 이런 이야기를 나누었다.

"선생님! 해외에는 빗물을 잘 활용하고 우리나라는 전혀 빗물을 활용하지 않는 줄 알았는데 빗물 활용 시설이 많이 있다는 것이 놀라웠어요."

"어떤 시설이 가장 기억에 남니?"

"스마트 빗물받이요. 비가 오면 자동으로 문이 열리는 것이 신기했어요. 지금 있는 스마트 빗물받이는 현재 있는 빗물받이의 문제를 해결하기 위해 만들어진 것인데 비가 오면 자동으로 문이 열리는 센서들이 빗물 받는 기구들마다 있으면 빗물을 좀 더 많이 받을 수 있지 않을까 생각했어요."

현재의 빗물받이는 비가 내리면 빗물을 빨리 하수구로 보내 빗물로 인한 침수를 막기 위해 만들어져 있다. 하지만 늘 열려 있어 사람들이 버리는 쓰레기로 인해 막히기도 하고 하수구에서 올라오는 냄새로 많은 사람들의 눈살을 찌푸리게 한다. 그리고 비가 많이 오면 빗물받이가 막혀 침수의 원인이 되기도 하는데 이러한 점을 개선하기 위해 서울의 성동구에서 평소에는 닫혀있다가 비가 오면 뚜껑이 열려 빗물을 흘려보내는 역할을 하는 스마트 빗물받이를 개발하게 되었다는 친구들의 발표가 종훈이에게 인상적이었나보다.

"좋은 생각인걸. 빗물을 많이 받을 수도 있고 빗물을 곳곳에서 많이 받으니 비가 많이 오면 하수구로 몰려드는 빗물 양도 줄어 홍수도 막을 수 있겠네. 최고다."

"선생님! 우리 동네에도 오늘 조사한 곳들처럼 재미있고 신박한 아이디어로 만든 빗물 활용 시설들이 빨리 생기면 좋겠어요."

빗물을 활용한다는 것은 대부분의 사람에게 아직 낯설게 느껴지는 이야기다. 하지만 세계 곳곳, 이제는 우리나라 곳곳에서도 빗물을 관리하고 다양하게 활용하고자 많은 노력을 기울이고 있다. 종훈이의 바람처럼 우리 동네에도 재미있고 신박한 아이디어를 담은 빗물 활용 시설들을 만나게 되는 그날을 나도 기대하게 되었다.

빗물 활용 시설을 방문하고 싶어요!

◊ 서울대 35동 옥상 텃밭을 방문하다

　빗물을 모아 활용하는 것의 유익함에 대해 조금씩 알아가면서 친구들은 우리나라에서 빗물을 활용하고 있는 곳을 직접 방문해 보고 싶어 했다. 친구들과 어느 빗물 활용 시설을 방문할 수 있을지를 고민하다가 문득 스쳐 간 곳이 서울대였다. 서울대 35동 옥상. 바로 한무영 교수님이 기획하고 설치한 '오목형 빗물 텃밭'이 가장 먼저 생각났다. 친구들이 빗물을 공부하면서 접한 책들도 한무영 교수님의 저서였고 빗물과 관련된 영상이나 자료를 찾아보면 늘 한무영 교수님이 등장했다. 그래서 친구들은 직접 만나보지는 못했지만 교수님에게 나름의 친근감을 가지고 있었다. 한무영 교수님을 만나고 빗물을 활용하는 시설도 직접 견학할 수 있다면 얼마나 좋을까?

그런 생각을 한 김에 한무영 교수님 연구실로 연락을 드렸고 교수님과 통화할 수 있는 기회가 생겼다. 학생들과 빗물에 대해 탐구하고 있는데 옥상 정원을 방문할 수 있을지에 대해 여쭈었다. 교수님은 흔쾌히 수락해 주셔서 친구들과 함께 서울대 35동 옥상 텃밭을 방문할 수 있었다.

우리가 방문한 서울대 35동 옥상은 $840m^2$ 크기의 정원 가운데가 움푹 들어가 있는 국내 최초의 오목형 구조의 빗물 텃밭이다. 오목형 구조로 설계되어 빗물을 효과적으로 모을 수 있는 장점이 있다. 총 저류량은 170t이며 모인 빗물은 청소나 옥상 조경 및 농사를 짓는 용수로 사용된다고 하셨다. 이 옥상 정원은 단지 빗물을 모아 활용하는 효과만 있는 것이 아니라 비가 올 때 건물을 따라 흘러나가는 빗물을 줄여 홍수를 예방할 뿐 아니라 옥상 표면의 온도를 낮추어 건물의 에너지 소비를 줄이는 효과도 있다고 한다.

서울대 빗물 텃밭을 보면서 도시 빌딩의 옥상마다 빗물 텃밭이 생긴다면 도심으로 모여드는 빗물의 양을 줄여 홍수를 예방하고 각 건물의 에너지 소비도 줄일 수 있으니 기후 위기를 걱정하는 우리에게 적합한 대안이 아닌가 하는 생각이 들었다.

한무영 교수님의 텃밭은 홍수 방지, 에너지 절약, 식물 재배를 통한 나눔을 실천하고 있는 공간이었다. 친구들은 평소 빗물 활용을 잘하고 있다는 자부심을 느끼고 있었지만 이 텃밭을 방문하면서 빗물을 모은다는 것이 얼마나 가치 있는 일인지 몸소 느끼는 기회가 되었다.

◊ 우리도 빗물 저금통이 있으면 좋겠어요

친구들은 서울대까지 먼 길을 오가면서도 피곤한 기색이 없었다. 오히려 서울대 방문에 대해 굉장한 뿌듯함을 느끼고 있었다.

"선생님! 저희도 빗물 저금통이 있으면 좋겠어요. 옥상 텃밭까지는 아니더라도 아까 35동 앞에 있던 예쁜 빗물 저금통 같은 거요."

35동 앞 입구에는 항아리 모양의 빗물 저금통이 있었다. 교수님께서 빗물 저금통의 수도꼭지를 틀어 빗물이 나오는 모습을 보여주셨다. 빗물 배수관에서 흐르는 물의 방향을 바꿔 땅으로 흘러 들어갈

빗물을 모아 주위의 잔디와 식물을 기르는 용도로 사용하고 있다고 하셨다.

비 오는 날마다 빗물을 받아 페트병이나 플라스틱 통에 채워서 보관하자니 때로는 우리가 사용하는 것에 비해 빗물이 부족할 때도 있었고 더 많이 저장하고 싶어도 보관할 곳이 없어 고민이 많았다. 서울대에서 빗물 활용 시설들을 직접 보고 나니 친구들은 우리 학교에도 빗물 저금통이 있었으면 좋겠다는 생각이 들었나보다.

우리 학교에 빗물 저금통이라, 과연 가능할까?

우리 학교 빗물 저금통을 만들어 볼까?

◊ 빗물 저금통 만들기를 도와주세요!

빗물 저금통이 있었으면 하는 친구들의 바람은 이루어졌을까? 결론부터 이야기하자면 우리 학교에는 드디어 빗물 저금통이 생겼다. 한무영 교수님 팀의 빗물 저금통 만드는 방법을 참고하고 시설을 많이 수정하지 않아도 간단하게 빗물 저금통을 만들 수 있다는 점을 강조하며 교장 선생님을 설득한 결과였다.

빗물 저금통을 만들고 싶긴 했지만 막상 빗물 저금통을 만들려고 하니 막막했다. 도움을 받을 곳을 아무리 생각해봐도 떠오르는 사람은 한무영 교수님밖에 없었다. 그도 그럴 것이 한무영 교수님은 2002

년부터 빗물연구센터를 운영하시며 동남아시아, 아프리카, 남태평양 등 식수 문제로 어려움을 겪는 나라들에게 빗물 식수화를 통한 물 문제 해결을 지원하는 사업을 지원해 오셨다. 이러한 지역에서는 지붕을 집수면으로 이용해 빗물을 모으고 간단한 필터 장치를 통해 빗물을 깨끗하게 유지할 수 있도록 하는 것이 중요했다. 한무영 교수님 팀은 이런 나라들을 대상으로 빗물 활용 시설들을 지속적으로 설치해 주시고 계셨기에 빗물 저금통을 만드는 방법을 잘 아시리라는 생각이 들었다.

교수님께 도움을 청해 빗물연구센터 연구원으로부터 제작 자료를 전달받았다. 그 자료를 통해 간단하고 경제적인 빗물 저금통 제작 방법을 알 수 있었다. 이로써 빗물을 모으는 집수면과 집수관, 넉넉한 양의 빗물을 보관할 플라스틱 통 그리고 필터만 있다면 빗물 저금통을 제작할 수 있겠다는 확신을 가지게 되었다.

◊ 우리 학교에 빗물 저금통이 필요한 이유!

빗물 저금통 만들기 방법에 대해 알게 된 우리는 이제 현실적인 문제를 해결해야 했다. 학교에 시설을 설치하기 위해서는 여러 가지를 따져보아야 했다. 우선 그 시설이 우리 학교에 꼭 필요한지, 불가피

하게 기존 시설을 수정해야 한다면 그것이 가능한지, 설치할 예산이 있는지 등등.

그렇다면 우리 학교에 빗물 저금통이 있어야 하는 명확한 이유부터 찾아야 했다. 우리 학교에 빗물 저금통이 있다면 어떤 면이 좋을지에 대해 친구들과 이야기를 나누었다.

"선생님! 텃밭이요. 매년 텃밭 분양받아서 농사를 짓잖아요. 그런데 수돗가가 너무 멀어서 물을 옮길 때마다 힘들어요. 텃밭 근처에 빗물 저금통이 있으면 정말 좋겠어요."

"그리고 저희가 실험했잖아요. 빗물을 주면 텃밭에 키우는 식물들이 더 잘 자라지 않을까요?"

우리 학교에는 300여 평의 큰 밭이 있었고 매년 추첨을 통해 학부모님과 학급에 밭을 분양했다. 우리 반도 밭을 분양받아 토마토와 상추를 키웠는데 수돗가에서 물을 받아올 때마다 식물에게 주는 물보다 쏟는 물이 더 많았다. 친구들의 말대로, 빗물로 식물을 키우면 좋은 영향을 줄 수 있다는 것도 알고 있었다.

게다가 빗물을 모아 식물에게 주면 학교의 수도세도 줄일 수 있고 텃밭 가까이에 설치하면 물을 조리개에 담아 이동하는 거리가 줄어들어 힘도 덜 들고 길에 흘리는 물도 줄일 수 있다. 찾았다. 우리 학교에 빗물 저금통이 필요한 이유!

◊ 빗물 저금통을 어떻게 만들지?

빗물 저금통을 설치할 목적이 확실해졌으니 이제부터 빗물 저금통을 어떤 모양으로 어떻게 만들지에 대한 구체적인 계획을 세워야 했다. 그래서 친구들과 함께 빗물 저금통 설계에 대한 자료를 살펴보니 다음과 같은 내용이 있었다.

물탱크의 색상은 노란색, 파란색, 검은색이 있는데 물을 오래 보관하기 위해서는 노란색보다는 파란색과 검은색을 사용하는 것이 좋다고 했다. 물이 상하는 주된 요인은 햇빛, 유기물, 미생물인데 이 중 하나라도 차단하면 물이 상하지 않는다고 한다. 집수관을 통해 흘러들어온 빗물에는 유기물이나 미생물이 포함될 수 있는데 파란색이나 검은색 통을 사용하면 햇빛이 차단되어 유기물이나 미생물이 있어도 물이 상하는 것을 막을 수 있다. 검정색보다 파란색이 더 낫다는 친구들의 의견으로 우리 학교 빗물 저금통 색은 파란색으로 결정되었다.

또한 빗물을 받는 관에서 빗물 저금통으로 들어오는 관은 곧은 관이 아닌 구부러진 관을 사용해야 한다는 점도 중요했다. 그러나 친구들이 왜 구부러진 관을 사용해야 하는지 이해하기 어려워했기 때문에 다음과 같은 실험을 통해 시각적으로 확인해 보았다.

3장

빗물 저금통에는 왜 구부러진 관을 사용해야 하는 걸까?

준비물: 투명한 컵, 색종이, 빨대, 물

1. 물이 담긴 두 개의 투명한 컵에 색종이를 작게 자른다.

2. 한 개는 곧은 관을 통해 물을 넣고 다른 하나는 구부러진 관을 통해 물을 넣은 후 가라 앉은 색지의 변화를 관찰한다.

곧은 관에 물을 넣었을 때   구부러진 관에 물을 넣었을 때

빗물을 받아두면 이물질들이 가라앉는데 이물질을 가라앉히고 윗 물만 사용하면 깨끗한 빗물을 이용할 수 있다. 만약 집수면과 빗물 저금통을 잇는 관이 직선으로 되어 있다면 빗물 저금통 안에 가라앉 아 있던 이물질들이 다시 떠올라 물이 탁해질 수 있다. 반면 구부러 진 관을 사용하면 이러한 문제를 방지할 수 있다.

이렇게 자료를 검토하고 궁금한 점을 해결해 가며 우리는 빗물 저

빗물 수업 풀어가기

금통을 어떻게 만들지에 대한 계획을 완성했다.

우리 학교 빗물 저금통 설치 계획

장소: 텃밭 근처 우수관

목적: 빗물로 텃밭 식물 키우기

설치비: 약 50만 원(교육청 녹색환경동아리 사업 예산 활용)

장점

1. 텃밭에 가까워 물을 주기 쉽고 이동할 때 물을 덜 흘린다.

2. 식물은 빗물을 주면 더 잘 자란다.

3. 수도세를 아낄 수 있다.

설치 방법

1. 우수관의 아래 부분을 잘라 곡관을 끼워 빗물 저장조와 연결하기

2. 빗물이 들어오는 입구에 양파망을 씌워 오염물 거르기

3. 수도꼭지를 저장조 아래에 설치해 빗물을 사용할 수 있도록 하고 아래에는 뚜껑을 열 수 있는 구멍을 뚫어 빗물 통을 한 번씩 청소할 수 있도록 하기

◊ 우리 학교에도 빗물 저금통이 생겼어요

친구들과 함께 치밀하게 세운 빗물 저금통 설치 계획을 교장 선생님께 말씀드려 허락을 받았다. 계획은 세웠지만 실제 설치를 위해서는 전문가의 도움이 필요했다. 예산을 최대한 아끼기 위해 철물점에 가서 필요한 재료들을 직접 구입하기로 했다.

철물점 아저씨께선 무엇을 하려고 이러한 재료들을 사는지 궁금해하셨다. 학생들과 빗물 모으는 저금통을 만들려 한다고 했더니 조립부터 설치까지 도와주시겠다고 하셨다. 설치할 분을 따로 알아보려고 했는데 철물점 아저씨께서 설치해 주시는 덕분에 거의 재룟값만으로 빗물 저금통을 설치할 수 있었다. 참 감사한 일이었다. 겨울 방학 동안 빗물 저금통이 설치되었다. 개학 날 텃밭 앞 빗물 저금통이 생긴 걸 보며 친구들이 얼마나 좋아하던지.

"선생님! 이제 우리 학교에도 빗물 저금통이 생겼어요."

빗물 수업 확장하기

4장

'빗물 수업'을 통해 친구들은
빗물이 단순한 물이 아니라 우리가 함께
지켜야 할 소중한 자원임을 알게 되었다. 하지만
이 깨달음이 나만의 것이 되어선 안 된다. 아직 빗물의
가치를 모르는 사람들에게 널리 알리는 것이 중요했다.
그래서 친구들은 창의적인 아이디어로 빗물을 활용하는 방법을 제안하고
재능기부 행사까지 열어 빗물의 중요성을 알렸다.
더 나아가 빗물로 모두가 행복한 지구를 만들기 위한 기부와
숲 조성 활동에도 동참했다.
이렇게 교실에서 배운 빗물의 가치를 일상 속으로 확장하는 노력은
우리 반 친구들에게, 기후 위기 속에서 살아가는
우리 모두에게 그리고 지구에 어떤 의미가 될까?

창의적 빗물 경진대회 도전기

◊ 빗물 알파팀의 탄생

가영이는 2014년부터 2016년까지 나와 함께 빗물 수업을 해온 친구이다. 가영이는 학급 활동뿐만 아니라 빗물 동아리에도 참여하고 서울대에서 주최한 창의적 빗물 이용 경진대회에도 출전했다. 2017년 3월 전출한 새로운 학교의 낯선 환경에 익숙해질 무렵, 가영이에게서 한 통의 편지를 받게 되었다.

> 학교에서 과학 그림 그리기나 보고서 쓰기를 할 때마다 전 맨날 '빗물'을 주제로 했어요. 저번에 상도 받았어요. 학교 대표로 실험 보고서 쓰기 대회도 나갔어요. 상은 받

지 못했지만 이 모든 건 다 선생님이랑 했던 빗물 알파팀, 자연관찰탐구대회, 과학동아리 덕분에 할 수 있었어요. 가끔 비올 때 생각나요. 빗물 알파팀 했던 거, 빗물 애들이랑 종이컵에 모으던 거, 실험했던 것들. 그러면서 친구들한테 빗물 산성비 아니라고 홍보하고 다녀요. 5~6학년 때 선생님과 참 많은 것들을 했던 거 같네요.

가영이랑은 2년간 많은 활동을 했었다. 그 중 가장 기억에 남는 하나를 꼽으라면 바로 빗물 알파팀 활동이라 할 수 있겠다. 빗물 알파팀이 결성된 이유는 '창의적 빗물 경진대회'에 참여하기 위해서였다. 서울특별시와 서울대에서 함께 주최한 대회로 빗물 아이디어 부문, 빗물 과학적 탐구 부문, 빗물 사회활동 부문, 빗물 교육 프로그램 부문 중 2~4명이 한 팀이 되어 출전할 수 있는 대회였다.

혹시 참가하고 싶은 친구들이 있을까 하여 물어보았더니 작년부터 함께 빗물 동아리를 해오던 친구들 중 4명이 함께 참가하고 싶다는 의사를 밝혔다. 이 대회에 참가하기 전, 서울대에서 사전 설명회가 있는데 친구들이 가장 참여하고 싶어 하는 이유 중 하나는 서울대에 가보고 싶다는 이유에서였다. 목적이야 어쨌든 이렇게 4명의 친구들이 대회에 참가하기로 했고 당시 최고의 시청률을 자랑했던 드라마 〈태양의 후예〉 알파팀의 이름을 따서 4명의 친구들로 이루어진 빗물 알파팀이 탄생하게 되었다.

◊ 빗물 알파팀, 서울대 땅을 밟다

사전 설명회에 꼭 참여할 의무는 없었지만 빗물 알파팀 친구들의 대회 참여 첫 번째 목적이 서울대에 가보는 것이었기에 사전 설명회 참석 신청서를 제출했다. 서울대에 가는 날, 현우 어머니께서 함께해 주시기로 해서 나와 4명의 친구들 그리고 현우 어머니까지 총 6명이 서울행 버스에 몸을 실었다. 지하철을 타고 서울대역에 내렸는데 서울대역 앞에서 다시 버스를 타고 공과대학교 35동까지 가야 한다는 사실에 친구들은 놀라워했다.

"선생님! 대학교 안에서 버스를 타고 다녀야 할 만큼 서울대가 커요?"

"대학들이 규모가 크긴 한데 서울대가 정말 크긴 큰가 보네요."

버스를 타고 서울대 캠퍼스를 지나며 친구들은 정말 설레했다. 사전 설명회에서는 대회의 진행 방식과 이전 출품작 및 수상작에 대한 안내가 주를 이루었다. 사실 이러한 내용들은 미리 공고된 자료만으로도 충분히 이해할 수 있었다. 그러나 친구들이 기대한 것은 설명회의 내용이 아니라, 서울대에 와 있다는 그 자체의 기쁨과 책에서만 접하던 한무영 교수님을 직접 만난 그 순간의 만족감이었다. 실제로 설명회 시간은 짧았고 특별한 이벤트도 없었기에 혹시 친구들이 실망하지 않을까 걱정이 되었다. 그래서 집으로 돌아오는 차 안에서 친구들에게 사전 설명회에 참여한 소감이 어땠는지 조심스럽게 물어보았다.

"서울에 온 것도 좋고 서울대에 다녀왔다는 것이 너무 좋아요."

"대회 결과가 좋으면 서울에 다시 올 수 있겠죠? 열심히 해 보고 싶다는 생각이 들어요."

의외로 너무 만족스러워했다. 서울대에 온 후 대회 참여에 대한 의지가 불타는 모습을 보니 먼 길이었지만 설명회에 참여하기를 잘했다는 생각이 들었다. 빗물 알파팀의 서울대 땅 밟기는 창의적 빗물 경진 대회에 대한 의지를 더욱 불태울 수 있었다.

◊ 빗물과 비누풀을 더한 아이디어를 내보자!

빗물 알파팀에 참여한 4명의 친구들은 2015년 비누풀이라는 식물에 대해 탐구하는 과학동아리 활동에 참여했다. 비누풀은 중세 시대에 세탁소의 풀이라는 별명을 가졌을 정도로 유럽에서는 세탁을 하는 데 많이 사용해 왔다고 한다. 인디언들은 이 풀로 머리를 감거나 세안을 하는 데도 사용했으며 피부병을 치료하는 치료약으로도 사용했다고 한다. 화학제품이 넘쳐나는 현재에는 손에 물을 묻혀 비누풀을 비비면 거품의 양이 적다고 느껴질 수 있겠지만 식물을 비벼 거품

4장

이 난다는 것 자체에 굉장히 흥미로워했다.

'어떤 물에서 거품이 더 많이 날까?'라는 주제로 탐구를 할 때 빗물과 수돗물에서의 거품의 양을 측정해 보았는데 신기하게도 빗물에서 거품이 더 잘났던 탐구 결과에 착안해 빗물 알파팀 친구들은 빗물과 비누풀을 함께 이용할 수 있는 방법을 찾아보면 좋겠다고 생각을 모았다. 친구들은 각자 빗물과 비누풀을 동시에 이용할 수 있는 아이디어를 제시하였다.

비누풀의 모습

비비면 거품이 나는 비누풀

친구들은 위의 아이디어 중에서 비누풀도 키울 수 있는 공간을 확보하고 빗물도 적절히 활용할 수 있는 시설로 '빗물 수돗가'를 가장 좋은 아이디어로 꼽았다.

◊ 빗물과 비누풀을 활용한 수돗가 아이디어 어때?

모두가 함께 사용하는 공간이라면 많은 사람들의 의견을 들어보는 것이 좋다고 생각했다. 그래서 빗물과 비눗물을 사용하는 수돗가에 대해 어떻게 생각하느냐는 설문 조사를 진행하였다. 우리 반 친구들은 학급에서 빗물 수업을 꾸준히 해왔고 비누풀에 대해 탐구해온 친구들도 있었다. 또한 과학동아리가 주최한 교내 비누풀 행사에 참여한 학생들도 많았기에 설문 결과에 대한 의미를 부여할 수 있을 것이라 생각했다.

친구들은 빗물 사용에 대한 거부감이 없었다. 아마도 빗물과 관련한 다양한 활동을 교실에서 해왔기 때문일 것이다. 작년에 비누풀 손세정제 만들기 체험과 비누풀 실험에 참가한 친구들이 많아서인지 비누풀 사용에 대해서도 긍정적으로 생각하는 친구들이 많았다.

빗물 알파팀은 빗물과 비누풀을 활용한 수돗가 아이디어에 친구들의 다양한 생각을 더하기 위해 〈이런 수돗가를 원해요〉라는 주제로 친구들이 바라는 수돗가에 대한 의견을 자유롭게 적을 수 있도록 하였다. 그리고 그중 좋은 의견들을 골라 빗물 알파팀의 빗물 수돗가 아이디어에 반영하기로 했다.

그 중에서 우리는 다음과 같은 친구들의 의견을 반영해 수돗가를 만들어 보기로 했다. 친구들의 의견을 통해 우리만의 아이디어가 아닌, 친구들이 바라는 수돗가를 비누풀과 빗물을 이용해 구현할 수 있을 것이라는 생각을 하게 되었다.

수돗가 옆에 해롭지 않은 일회용 비누가 있는 수돗가	땅에 빗물 저장소를 만들고 수돗가에 빗물을 연결해 물을 쓴다.
비누 있고 수압이 너무 세지 않은 수돗가 (비누가 있어 청결하게!)	내가 사용한 물의 양이 표시가 되는 수돗가

◊ 아.나.바.다. 빗물 수돗가를 제안해요

빗물과 비누풀을 활용한 수돗가를 구상하기 위해 친구들은 우리 주변 수돗가 디자인 및 시설 탐색, 수돗가에서 비누를 사용해 손을 씻을 때와 비누를 사용하지 않을 때의 물 사용량 알아보기, 비누풀이 잘 자라는 환경과 비누풀을 비누 대신 사용할 수 있을지에 대한 탐구를 진행했다.

이러한 탐구를 통해 수돗가에서 손을 씻을 때 평균 2.8L 정도의 물이 사용됨을 확인할 수 있었다. 특히 수돗가에는 물을 받아 쓰는 공간이 없어서 그냥 흘려보내는 물의 양이 많다는 점도 확인했다. 또한 비누풀을 손으로 문지르면 화학 비누처럼 거품이 많이 나지는 않지만 비누 없이 그냥 손을 씻는 것보다 일반 세균, 황색포도상구균, 대장균 등이 배양되는 양이 적음을 알게 되었다.

이러한 탐구 결과를 바탕으로 빗물 알파팀은 '아.나.바.다. 수돗가'를 제안하게 되었다.

> **아.나.바.다. 수돗가란?**
> 물 받아 물 낭비 없이 **아**껴쓰고, 빗물 받아 사람과 식물이 **나**눠쓰고, 생각 바꿔 비누 대신 비누풀로 **바**꿔쓰고, 쓰고난 물은 식물에게 주는 물로 **다**시쓰는 빗물 수돗가

손 씻는 물은 빗물로 손의 청결을 위해 비누풀을 사용한다는 특별

한 의미를 담고 있었기에 친구들은 비누풀 사용으로 인한 불편함과 문제를 최소화하기 위한 아이디어를 고민하였다. 물을 절약한다는 의미에서 빗물을 사용하는 것이지만 빗물조차도 아껴야 할 소중한 자원이라는 점도 잊지 않았다.

이를 위해 친구들은 양심 절약 바구니를 도입하여 바구니 윗부분에 구멍을 뚫어 많은 양의 물이 사용되지 않도록 설계했다. 또한 손을 씻고 나면 비누풀 잎의 찌꺼기를 깔끔하게 걸러낼 수 있는 거름망을 마련하고 하수를 조리개를 통해 받아 씻고 난 물을 비누풀 화단에 공급할 수 있도록 했다. 이렇게 함으로써 관리인이 없어도 비누풀이 충분한 물을 공급받을 수 있으며 손 씻은 물이 하수도로 흘러가는 대신 비누풀을 기르는 가치 있는 자원으로 활용될 수 있도록 다음과 같은 장치들을 고안하였다.

양심 절약 바구니

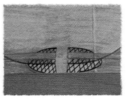
물만 쏙 거름망

빗물 재활용 조리개

이 장치 외에도 친구들은 무려 14가지의 다양한 장치를 고안하여 〈아.나.바.다. 빗물 수돗가〉 작품 설명서를 완성했다. 빗물 알파팀 친구들은 작품 설명서 마지막 장에 다음과 같은 소감을 남겼다.

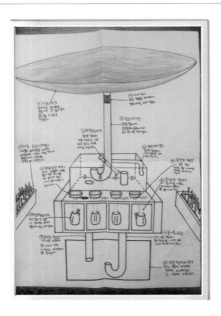

빗물에 비누풀이라는 거품이 나는 식물로 손을 씻고 손을 씻고 난 물을 다시 식물에게 주는 체험을 즐길 수 있는 수돗가. 우리가 만든 수돗가는 그렇게 새롭고 재밌게 즐길 수 있을 것이라 기대된다. 그래서 우리 수돗가를 사용하는 사람들에게 좋은 경험이 될 것 같다.

우리가 제작한 아.나.바다 수돗가는 손을 씻는 단순한 시설이 아닌 사람과 환경을 생각하는 수돗가다. 우리의 수돗가를 통해 사람들이 빗물에 대한 인식이 바뀌어서 빗물을 많이 사용할 수 있게 되었으면 좋겠다.

4장

◊ 뜨거웠던 그 여름의 기억

가영이의 편지를 받았던 날, 내 컴퓨터에 저장된 〈아.나.바.다. 수돗가〉 작품 설명서 파일을 다시 열어보았다. 이 정도면 초등학생들의 작품치고 정말 훌륭한데 왜 우리를 서울 본선 대회에 부르지 않았을까?

결과 발표가 나던 날, 친구들의 실망이 클까 걱정했지만 오히려 친구들이 나를 위로해 주었다. 친구들이 보기에는 선생님이 더 실망한 것처럼 보였나 보다.

"선생님! 우리가 처음 목표가 뭐였죠? 서울 가는 거였잖아요. 그런데 이미 선생님과 서울, 그것도 서울대를 다녀왔으니 그걸로 만족해요."

"맞아요. 그리고 준비하면서 힘들었던 것도 사실인데 평소에는 할 수 없었던 다양한 실험들도 많이 해서 좋았어요."

"저는 이 대회 준비한다고 학원 안 가서 좋았는걸요."

"비록 상은 못 받았지만 우리가 작품 하나를 완성했다는 게 뿌듯합니다, 선생님!"

친구들도 속상한 마음이 없지 않았을 텐데 오히려 따뜻한 위로를 건네주던 그날이 떠올랐다.

그해 여름, 빗물 알파팀과 나는 2달 동안 정말 뜨거운 여름을 보냈다. 학교 수업을 마치고 매일 동아리실에 모여 아이디어 회의를 하며 의견 충돌로 어려움을 겪는 순간도 있었지만 결국 빗물과 비누풀로 모두가 행복한 수돗가 〈아.나.바.다. 수돗가〉를 완성할 수 있었다. 심사위원의 마음을 충족시킬 수는 없었지만 나와 빗물 알파팀에게는 우리의 열정을 다한 최고의 작품이다.

비가 오는 날이면 가영이는 빗물 알파팀 활동과 친구들과 빗물을 받던 기억이 떠오른다고 한다. 나도 가끔 그 여름, 빗물 알파팀과 보낸 시간이 떠오르곤 한다. 지금 어디선가 각자의 삶을 살아가고 있을 빗물 알파팀 친구들도 비 오는 날이면 문득 〈아.나.바.다. 빗물 수돗가〉 아이디어를 내기 위해 뜨겁게 보낸 그 여름을 떠올리지 않을까?

빗물 바자회, 빗물은 사랑을 싣고

◊ 빗물로 한 천연염색 작품들을 좀 더 가치 있게 나눌 수 없을까?

빗물 수업을 진행하기 전부터 매해 우리 학급 친구들과 바자회를 통해 얻은 수익금으로 꾸준히 기부활동을 해오고 있었다. 빗물 수업은 우리 학급의 바자회 물품을 더욱 풍성하게 하고 더 의미 있는 기부를 할 수 있는 계기를 마련해주었다.

빗물 수업은 어떻게 우리 학급 바자회를 좀 더 의미 있게 만들어주었을까?

빗물로 한 해 살이 수업을 진행하면서 다양한 활동들을 하게 되지만 그 중에서 친구들이 가장 즐거워하는 활동은 바로 빗물로 천연염색을 하는 것이었다. 그래서 친구들과 창의적 체험활동 시간이나 방과 후 시간을 이용해 틈틈이 천연염색 활동을 해왔다.

어떤 날은, 출장을 갔다가 다시 학교로 돌아오니 몇몇 친구들이 남아서 천연염색을 했다며 수돗가에 간이로 빨랫줄을 달아 손수건들을 널어놓기도 했다. 시간이 흐르면서 천연 염색의 색상과 작품이 더욱 다채로워졌다. 처음에는 양파 껍질로 노란색만 염색했지만 꼭두서니, 애기똥풀, 포도 껍질 등 다양한 식물로 여러 색을 내게 되고 실크 스카프부터 면티, 에코백까지 작품의 종류도 다양해졌다. 우리가 만든 물건들을 우리가 사용하는 것도 물론 의미가 있겠지만 빗물로 한 천연염색 활동 작품들을 좀 더 가치 있게 나누고 싶다는 생각이 들었다. 그래서 친구들과 우리가 만든 작품으로 바자회를 해 보는 것이 어떠냐고 제안했다.

"선생님! 천연염색으로 만든 것만 팔면 돈을 얼마 못 벌 거 같은데요."

친구들도 나도 그 말이 동의했다. 그래서 각자 집에서 나누어 쓸 수 있는 물건들을 기부하여 바자회 규모를 확장하기로 했다.

◊ 바자회 수익금을 어디에 사용하면 좋을까?

바자회를 열기 전, 수익금을 어디에 사용할지 친구들에게 물었더니, 대부분 '좋은 곳에 기부하자'고 답했다. 하지만 '좋은 곳'이란 과연 어디일까?

친구들에게 익숙한 '좋은 곳'은 굿네이버스 같은 단체였다. 아마도 매년 참여하는 희망 편지 쓰기 행사 덕분에 굿네이버스가 어려운 아이들을 돕는 단체라는 것을 잘 알고 있었던 것이다. 하지만 이와 같은 일들을 하는 단체가 굿네이버스 하나일까? 이 기회를 통해 친구들이 조금 더 넓은 시야를 가질 수 있도록 다양한 NGO 단체들을 조사해보는 활동을 제안했다.

모둠별로 NGO 단체에 대해 알아보는 시간을 통해 세이브더칠드런, 월드비전, 유니세프 등 각기 다른 이름과 사명을 가진 단체들이 어떤 일을 하고 있는지, 그들의 목적이 어떻게 다른지를 알게 되었다.

조사 활동이 끝난 후, 우리 반은 중요한 결정을 앞두고 있었다. 바자회 수익금을 어디에 기부할 것인가? 각 모둠은 자신들이 조사한 단체를 추천하며 열띤 토론을 벌였다. 그리고 마침내 투표를 통해 최종 선정된 단체는 유니세프였다. 유니세프는 모든 어린이가 행복한 나라라는 슬로건 아래, 전 세계 어린이들의 권리 보호와 교육, 건강을 위해 다양한 사업을 펼치고 있다. 그 중에서도 친구들의 마음을 깊이 움직인 것은 어린이들을 위한 식수와 식량 지원 사업이었다.

◊ 바자회를 준비하기까지 의미 있는 2개월

바자회는 약 2개월에 걸쳐 준비했다. 바자회를 좀 더 원활하게 운영하기 위해 8명의 바자회 운영위원이 선정되었다. 운영위원의 역할은 바자회에 판매될 물건들을 모으고 사용할 수 있는 물건인지 아닌지 검수하고 모인 물건들을 분류해 몇 개의 가게를 꾸릴 것인지를 결정하는 것이었다.

가치 있는 일에 조금 더 의미를 담기 위해 부모님의 집안일을 도와 스스로 모은 용돈으로 바자회 물건을 구입하기로 했다. 바자회는 단순한 행사가 아닌, 우리가 직접 기여하고 참여할 수 있는 기회가 되었으면 했기 때문이다. 이를 위해 부모님들께 협조를 구하는 안내장을 보냈다. 2개월이라는 시간이 길게 느껴질 수도 있었지만 친구들은 그 시간을 소중하게 사용했다. 바자회를 준비하는 과정부터 사용할 돈을 모으는 과정까지 그 모든 것이 의미 있는 경험의 시간이었기 때문이다.

◊ 빗물 수업을 통한 진정한 배움

바자회는 천연염색 작품 판매 가게, 서점, 생활용품, 학용품 가게, 기부 코너 등으로 구성되었고 선생님의 보너스 가게인 분식 가게도 함께 열렸다. 바자회가 열리던 날, 140여 명의 전교생이 우리 교실로 모여들었다. 1학년부터 6학년까지 그리고 교무실과 행정실의 식구들도 함께해 주었다. 각 가게마다 물건이 동나고 유니세프 기부 코너의 기부금도 꽤 많이 모였다. 가게에서 판매한 물건과 기부금을 합치니 총 40만 원 정도가 되었다. 생각지도 못한 큰 금액이었다.

이 수익금은 모두 〈00초 더불어 숲 반〉이라는 이름으로 유니세프에 기부되었다. 친구들은 생애 첫 기부의 기념으로 유니세프 기부금 영수증을 인쇄해 나누어 가졌다. 바자회는 빗물 수업 활동의 하나인 천연염색을 통해 어려움에 처한 이들에게 도움의 손길을 전하는 기회가 되었다. 빗물이라는 자원의 가치와 소중함을 깨닫는 과정이 자연스럽게 누군가를 돕는 삶과 연결되었고 그 경험을 통해 우리 모두는 뿌듯함과 기쁨을 느낄 수 있었다. 이 순간은 단순한 수업을 넘어 진정한 배움과 나눔의 의미를 깊이 새긴 순간으로 남았다.

빗물 박사들과 함께하는 신박한 기부

◊ 빗물 박사님들! 재능 기부 어때?

"선생님! 금붕어도 빗물로 키워요?"

"정말 빗물로 식물을 키우면 수돗물 주는 것보다 더 잘 자라나요?"

우리 교실을 찾는 선생님들은 늘 궁금한 것이 많다. 교실 한쪽에서 빗물로 키우고 있는 금붕어와 식물들 그리고 항아리에 빗물을 저장하는 이유까지 모든 것이 호기심을 자극하는 것이다. 선생님들의 질문에 답할 때마다 문득 그런 생각이 들었다. 우리 반에는 23명의 빗물 박사님들이 있는데 내가 아니라도 이 질문들에 대해 충분히, 명쾌하게 설명할 수 있지 않을까?

4장

사실 우리 반 친구들은 빗물에 대한 지식이 박사 수준이다. 빗물의 산성도에 대한 설명은 기본이고 물의 순환 과정을 바탕으로 빗물의 TDS가 낮은 이유도 설명할 수 있다. 그리고 빗물과 수돗물로 식물을 키우면 자람에 어떠한 변화가 있는지도 책이나 영상을 통해 본 것이 아니라 실제로 관찰하고 체험한 것이기에 자신 있게 설명할 수 있다. 이 박사님들을 우리 교실 안에서만 계속 연구하게 두기엔 너무 아깝다는 생각이 들었다. 박사님들이 앞서 빗물에 대한 오해도 풀어주고 빗물에 대한 진정한 가치를 알려주는 기회를 만들어 보자는 생각에 우리 박사님들에게 제안했다.

"빗물 박사님들! 재능기부 어때요?"

◊ 재능기부의 목적은 '빗물에 대한 오해 풀어주기'

재능기부를 해 보자는 말은 던졌지만 사실 어떤 내용으로 어떻게 할 지에 대해서는 생각해 둔 게 없었다. 툭 던져 본 제안에 친구들이 고민 없이 "네!" 하는 바람에 갑작스레 성사된 거라 이제부터 고민해 보아야 했다. 친구들과 우리가 하는 재능기부의 목적을 확실히 하기로 했다. 목적을 확실히 하면 그다음을 계획하는 것이 좀 더 쉬울 것 같았다.

"선생님! 빗물과 관련해 처음 하는 행사니까 빗물에 대한 오해를 풀어주는 것을 재능기부의 목표로 삼으면 좋을 것 같아요."

다른 친구들도 그 말에 모두 동의했다. 친구들은 선생님과 함께했던 빗물 산성도 비교 실험은 빗물에 대한 오해를 푸는 데 가장 큰 도움이 되었다고 이야기해 주었다. 이후 우리 반 친구들은 많은 공부를 했기 때문에 빗물에 대해 할 이야기가 많지만 빗물에 별로 관심이 없는 다른 반 친구들에게 너무 많은 정보를 전달하기보다는 빗물에 대한 오해를 명쾌하게 풀어주는 것이 더 효과적이라는 데 의견을 모았다.

그래서 재능 기부의 목적은 '빗물에 대한 오해 풀어주기'로 정했다. 우리 반에는 설명을 잘하는 친구, 그림을 잘 그리는 친구, 만들기를 잘하는 친구 등 다양한 재능이 있으니 빗물에 대한 오해를 풀어주기 위한 다양한 활동을 구성해 보기로 했다. 그리고 친구들의 재능이 빛날 이 행사의 이름은 〈빗물 박사들의 신박한 기부〉로 결정되었다.

◊ 빗물 박사들의 기부 행사는 언제쯤 할 수 있을까?

기부 행사는 5, 6학년 학생들을 대상으로 점심시간을 활용하여 축제형 부스 형태로 진행하기로 했다. 하지만 날짜를 정하는 데 어려움이 있었다. 그 이유는 비가 내리지 않아서였다. 우리가 기부 행사를 하기로 정한 시기는 6월 초였는데 5월 12일에 내린 비를 마지막으로 거의 비가 내리지 않았다. 비가 오더라도 주말에 오는 바람에 빗물을 받을 수가 없었다. 빗물에 대한 오해를 풀어주는 데 가장 중요한 활동인 빗물 산성도 실험은 부스 운영에서 뺄 수 없었기 때문에 우리는 비가 온 후 어느 정도의 빗물이 확보되면 행사를 진행하기로 했다. 충분한 비가 모여야 많은 학생들을 대상으로 빗물 산성도 실험을 할 수 있을 테니까.

그 외의 다른 부스들은 비가 오면 언제든지 진행할 수 있도록 틈틈이 준비했다. 친구들이 준비한 부스는 총 6개로, 부스 운영 자료를 만들고 친구들에게 줄 간식까지 준비해 두었지만 기다리고 기다리던 비는 오지 않았다. 아무리 기다려도 비가 오지 않자 친구들은 비가 오기를 바라는 마음에 날씨 인형을 만들었다. 일본에서는 비가 많이 올 때

이 인형을 걸어두면 날씨가 맑아진다는 미신이 있는데 반대로 인형을 거꾸로 두면 비가 온다는 이야기가 있다고 한다. 그래서 비가 왔으면 하는 친구들의 바람을 담아 날씨 인형을 창가에 거꾸로 두었다.

과연 비가 오기를 바라는 친구들의 바람은 언제쯤 이루어질까?

◊ <빗물 박사님들의 신박한 기부> 행사 둘러보기

7월 1일 이후 친구들은 분주해졌다. 장마가 시작된 덕분에 더 이상 빗물 걱정을 하지 않아도 되었다. 이제는 언제부터 행사를 진행해야 할지를 고민해야 했다. 미리 행사를 준비했지만 행사 날짜가 정해지면 막상 해야 할 준비가 많아진다. 또한 행사 프로그램에 대해서도 다시 한 번 고민하고 정리할 필요가 있었다.

7월이 시작되고 꽤 많은 비가 내리면서 빗물 실험에 필요한 물은 충분히 확보되었다. 그러나 홍보지를 만들어 붙여야 하고 행사 준비를 할 시간도 확보해야 했기에 행사는 7월 8일부터 10일까지 점심시간에 진행하기로 결정했다. 친구들은 각 층 벽마다 행사 홍보지를 붙였다. 전체 안내에 대한 홍보는 물론, 자신이 맡은 부스 홍보물을 따로 만들어 붙이기도 했다.

4장

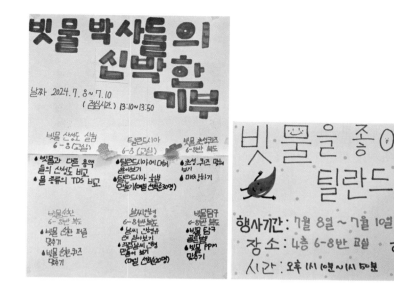

"선생님! 우리 부스에 친구들이 얼마나 올까요?"

"밥 빨리 먹고 와서 준비해야겠어요. 오늘은 마음이 급해요."

행사 첫날, 친구들은 아침부터 마음이 분주했다. 혹시 준비를 빠뜨린 것이 없는지 확인하고 또 확인했다. 부스가 시작되자 많은 친구들이 모였다. 각 부스의 모습은 어땠을까?

◊ 틸란드시아 화분 만들기 부스 둘러보기

가장 인기가 많았던 부스는 틸란드시아 화분 만들기 부스였다. 틸란드시아는 멕시코에서 온 흙 없이 키우는 공중 식물로, 고향에서는 나무에 붙어 자란다. 이 식물은 공중
에 매달아 키우기도 하고 테라리움
을 예쁘게 만들어 장식용으로도 많
이 기른다. 틸란드시아는 물을 자주
주지 않아도 되지만 가능하면 수돗
물의 염소를 빼고 주는 것이 좋다.
이 식물은 빗물을 좋아하며 약산성
을 띤 빗물이 자라기에 적절한 환경
을 만들어 준다고 한다. 얼마 전 미
술 시간에 재활용 컵을 활용해 틸란드시아 화분을 만든 적이 있다.
이 활동을 하기 전 틸란드시아에 대해 조사를 하면서 틸란드시아가
빗물을 좋아한다는 것을 친구들은 알게 되었다.

　예쁜 화분도 만들어 갈 수 있고 빗물을 좋아하는 틸란드시아에 대
해 설명해 주면서 빗물 활용 홍보도 하기 위해 친구들이 기획한 부스
였다.

　"자, 여기 앉으세요. 틸란드시아 화분을 만들어 봅시다."

　틸란드시아 부스에서는 서후의 활약이 특히 눈에 띄었다. 친구들
을 부스로 이끌고 재미있는 설명으로 친구들의 웃음을 유발하며 부
스를 더욱 매력적으로 만들었다.

　"선생님! 아무래도 제 적성을 찾은 거 같아요. 부스 운영이 너무 재

4장

미있어요."

적성을 찾은 서후 덕에 3일 동안 틸란드시아 화분 만들기 코너는 모든 부스 중에서 단연 최고의 인기 부스가 되었다.

◊ 빗물 산성도 비교&TDS 실험 부스 둘러보기

"선생님! 저희 부스에 사람이 안 와요."

6개의 부스가 차려져 있지만 친구들의 선택에 의해 부스를 찾다 보니 부스마다 참여하는 인원에 차이가 있었다. 처음 부스를 기획할 때는 가장 많은 친구들이 모일 거라 예상한 부스가 실험 부스라 친구들이 재료를 많이 준비했다. 그런데 막상 부스가 시작되니 실험팀 참여 인원이 가장 적었다. 교실 안에 마련되어 있어 친구들이 모르는 것 같으니 교실 안에도 부스가 있다고 홍보해 보라고 권했다. 홍보의 효과였을까? 하나, 둘 실험 부스로 친구들이 모여들기 시작했다.

실험 부스는 빗물과 다른 액체들과의 산성도 비교 실험, 빗물과 생수, 수돗물, 정수기물의 TDS를 비교하는 실험으로 구성되었다. 산성도 비교 실험에 참여한 친구들은 빗물과 다른 액체들에 다양한 지시약을 떨어뜨릴 때의 다양한 색 변화에 흥미를 가졌다. 그리고 빗물의 산성도가 다른 액체들에 비해 세지 않다는 것이 의외라는 반응을 보였다.

"그러니까 빗물을 맞으면 대머리가 된다거나 내리는 비가 산성비라는 건 잘못된 이야기야."라며 야무지게 실험에 대한 마무리 설명도 해 주었다.

TDS를 측정하는 팀에서는 빗물, 생수, 수돗물, 정수기 물의 TDS가 어느 정도일지 예상해보는 활동부터 시작했다. 친구들이 옹기종기 모여 앉아 자신이 생각하는 TDS 수치를 메모지에 적었다. 그리고 TDS 측정 기구를 하나하나 넣어가며 자신이 예상한 수치와 비교해보는 시간을 가졌다. 대부분의 친구들은 빗물의 TDS가 가장 높을 것이라고 예상했지만 결과는 예상 밖이었다. 빗물의 TDS 수치는 2~4ppm 정도로 낮게 나왔다.

"이거 물 바꿔치기 한 거 아니야?"

의심하는 친구도 있었지만 TDS가 가장 낮은 물은 확실히 빗물이

빗물 실험 부스

4장

었다. 그다음 질문은 "그럼 빗물 마셔도 되는 거야?"였다.

부스에 참여한 친구들이 빗물 박사들이 빗물의 산성도를 측정하고 TDS를 측정한 후와 똑같이 질문하고 있었다. 빗물 박사들은 배운 대로 빗물을 마시려면 수돗물처럼 식수로 활용하기 위한 적절한 처리가 필요함을 덧붙였다.

처음에는 참여하는 친구가 없어 당황했지만 야무진 준비와 부스 진행 덕분인지 시간이 지날수록 많은 친구들이 참여해 주었다. 이번 행사의 목적이 '빗물에 대한 오해 풀어주기'였는데 실험팀이 그 역할을 톡톡히 해 주었다. 실험팀 친구들 모두 수고했어!

◊ 빗물 탐구 부스 둘러보기

빗물의 진가를 보여주기 위해 빗물을 어떻게 활용할 수 있는지와 빗물이 얼마나 좋은 물인지를 이야기하고자 기획된 부스는 〈빗물 탐구〉 부스였다. 이 부스에서는 빗물과 수돗물로 키운 식물의 성장 비교와 빗물로 금붕어를 키우는 주제로 진행했다.

남자 친구들로만 구성된 이 부스는 나름 홍보자료도 열심히 만들고 친구들에게 설명할 대본 작성에도 정성을 다했었다.

"선생님! 친구들이 자꾸 저희 이야기를 듣다가 사라져요."

"왜 그럴까?"

"재미가 없나 봐요. 힝~."

사실 걱정을 안 한 건 아니었다. 틸란드시아팀은 화분을 만들어 가지고 갈 수 있고 실험팀은 실험을 하는 재미도 있으며 물의 순환 팀은 퍼즐을 맞추기 및 퀴즈 활동도 하니 친구들이 흥미를 가질 만했는데 이 팀은 설명이 주가 되다 보니 친구들에게 흥미를 끌기 어렵지 않을까 했었다. 걱정되는 마음에 좀 더 재미있게 진행할 수 있는 아이디어를 내 보라고 권해도 우리 팀은 잘할 수 있다며 자신감을 너무 앞세워 더 이상 이야기하지 않기로 했다.

하지만 이제는 안다. 아무리 훌륭한 이야기라도 처음 대하는 주제

4장

에 대한 흥미와 관심을 끌 수 있는 요소가 있어야 친구들이 귀 기울여 듣게 된다는 것을 말이다. 그래도 매일 조금씩 업그레이드해가고 친구들의 관심을 끌기 위해 간식도 제공하며 3일 동안 열심히 부스를 이끌어 갔다.

"선생님! 다음에 부스를 운영하면 다른 친구들처럼 좀 더 재미있는 활동을 더 넣어야겠어요."

빗물 탐구팀에게 이번 활동은 친구들이 경험한 착하고 유용한 물인 빗물을 알리고 싶은 것이었지만 듣는 대상의 흥미와 관심을 끌 수 있도록 하는 것 또한 중요함을 배운 기회였기도 했다.

◊ <빗물 박사들의 신박한 기부 행사> 에필로그

날씨 인형 만들기 부스, 빗물이 어떻게 순환하는지를 퍼즐과 퀴즈로 알아보는 빗물 순환 부스 그리고 물 부족을 겪고 있는 세계 여러 나라들의 이름을 초성으로 맞추는 물 부족 국가 초성 퀴즈 부스도 3일 동안 많은 친구들이 찾아주었다. 참여한 친구들의 정확한 수는 알 수 없지만 준비한 재료 소진량으로 미루어 볼 때 대략 200여 명의 친구들이 <빗물 박사들의 신박한 기부> 행사에 참여했다. 각 부스를 체험한 친구들의 소감은 이러했다.

- 빗물의 순환에 대해 알게 되어 좋았고 친절하게 설명해 주어서 좋았다.
- 틸란드시아를 만들 때 예뻐서 기분이 좋았고 빗물로 틸란드시아를 키우는 법을 알게 되어 좋았다. 그리고 설명하는 친구가 재미있었다. 틸란드시아를 잘 키워보고 싶다.
- 날씨 인형을 직접 만들어 보니 뿌듯하고 재밌었다. 비가 많이 올 때 이걸 걸어두고 비가 오지 않길 바래야겠다.
- 빗물 실험을 통해 빗물이 산성이 아니란 걸 알게 되었다. TDS 실험도 신기하고 재미있었다. 부스에 참여하며 좋은 추억을 만든 거 같다.

그렇다면 빗물 수업을 바탕으로 행사를 기획하고 3일 동안 진행한 빗물 박사들은 이 행사를 통해 어떤 경험을 하고 무엇을 느낄 수 있었을까?

친구들에게 빗물 순환 과정에 대해 설명을 하면서 빗물이 더럽다는 오해를 풀어준 것 같아 뿌듯하다. 하지만 빗물 순환 과정을 설명해 줄 때 주변이 시끄럽고 목소리를 크게 해도 잘 들리지 않은 것 같아 빗물 순환 과정에 대해 전달이 잘 안 된 것 같은 느낌이 들어 아쉬웠다. 목이 아프고 힘들었지만 빗물 순환 과정에 대해 설명을 해주고 퀴즈, 빗물 순환 과정을 퍼즐로 잘 맞추는 모습을 보니 정말 뿌듯했다. 내가 알려준 친구들이 빗물 순환 과정을 잘 기억해줬으면 좋겠다!!

TDS 실험에 참여했는데 누군가에게 내가 알고 있는 것을 알려주는 경험은 나에게 오래 기억에 남을 것 같다. 3일 동안 활동을 하면서 친구들이 내가 하라는 대로 잘 따라 해주고 잘 들어줘서 좋았다. 친구들은 처음에 생수가 가장 TDS가 낮을 거라고 예상했는데 빗물이 3ppm 정도 나오는 것을 보고 놀랐다고 이야기하는 친구들이 많았다. 3일 동안 더 많은 친구들에게 알려주지 못한 점이 아쉬웠다. 부스 운영이 정말 재미있었고 오래도록 기억에 남을 거 같다.

틸란드시아 팀 활동을 하면서 내가 설명을 할 때 친구들이 재미있어하고 친구들이 소감을 적어줄 때도 '진행자가 재밌다고 해 주어 자신감이 생겼다. 선생님과 모둠원들도 내가 설명을 잘한다는 칭찬을 해 주어서 너무 좋고 내 적성을 찾은 것만 같아 기분이 좋았다. 부스가 너무 빨리 끝나는 거 같아 아쉬웠다. 그리고 부스를 하면서 내가 부족한 점을 알게 되었다. 예를 들면 목소리 조절하는 게 어려웠고 설명하다 흥분을 하기도 했다. 그래도 재미있는 경험이었다.

빗물 박사들의 신박한 기부 활동은 참여한 친구들에게 빗물에 대한 오해를 풀어주는 동시에, 빗물로 할 수 있는 색다른 체험과 기억에 남을 추억을 선물했다. 또한 빗물 박사들에게는 자신의 재능을 나누며 뿌듯함과 즐거움을 느끼는 시간인 동시에, 행사를 진행하면서 자신의 모습을 되돌아보는 성장의 기회이기도 했다. 이만하면 〈빗물 박사들의 신박한 기부〉 행사는 성공적이라고 할 수 있지 않을까?

빗물로 키운 도토리는
노을공원으로 향하는 중

◊ 우리 반 작은 도토리나무 숲

"선생님! 이제 도토리를 포장해서 보낼 때가 된 것 같아요."

우리 반에는 작은 도토리나무 숲이 있다. 몇 년 전 1학년 학생들을 가르칠 때 가을 단원에서 씨앗에 대해 배우며 친구들과 함께 심은 도토리로 시작해 매년 우리 교실에 작은 도토리 숲을 가꾸어왔다. 지속적인 숲 살리기 활동에 힘쓰시는 시민단체와의 인연으로 '집씨통'을 분양받아 씨앗부터 도토리를 키우고 있다. 분양받은 '집씨통'의 도토리가 적당히 자라면 숲을 조성하는 나무로 사용될 수 있도록 시민단체에 다시 보내주는 활동을 지속해 오고 있다.

1학년 교육 과정의 〈즐거운 생활〉에서는 가을에 볼 수 있는 여러 가지 열매에 대해 배운다. 그 해 여름, 연수를 들으며 〈집씨통〉이라는 프로그램을 알게 되었고 도토리를 심어 다시 보내주면 싹 튼 어린 나무를 공원에 심어 숲을 만드는 데 활용된다는 이야기를 듣게 되었다. 그래서 단원이 시작되기 전에 우리 친구들과도 〈집씨통〉 활동에 참여할 수 있을지 검색해보니 노을공원시민모임에서 〈집씨통〉 활동을 1년 내내 진행하고 있었다. 그래서 '집씨통' 5개를 신청하여 받았다.

작은 나무통에는 흙과 도토리가 들어 있었고 보통 7~10개의 도토리가 담겨 있었다. 작은 나무통에서 키우기에는 도토리 양이 많아 옆반 교실에 남는 화분을 얻어 화분 하나당 도토리를 하나씩 심었다.

가을이라서 싹이 나지 않을 것 같았는데 일부 도토리에서 싹이 나기 시작했다. 아직 소식이 없는 도토리들도 있어 조바심을 냈지만 날씨가 추워지기 시작해서인지 도토리들은 싹을 낼 기미를 보이지 않았다. 싹이 났던 도토리들도 너무 키가 작고 약해 겨울을 잘 날 수 있을지 걱정되었다. 그렇게 겨울이 지나고 새 학기가 시작되었다. 새롭게 배정된 교실은 유난히 해가 잘 드는 교실이었기에 '곧 싹이 트지 않을까?' 하는 기대로 도토리 화분들을 교실 창가에 나란히 두었다. 따뜻한 햇살에 도토리가 하나, 둘 싹을 틔우기 시작할 무렵 새로운 친구들을 맞이하게 되었다.

"선생님! 이게 뭐예요?"

"도토리예요."

"진짜 도토리예요? 이거 크면 도토리나무가 되는 거예요?"

도토리를 교실에서 키울 수 있다는 사실에 친구들은 매우 신기해했다. 매일매일 창가를 떠나지 않고 도토리를 관찰하기 시작했고 친구들의 관심과 정성으로 우리 반은 작은 도토리나무 숲을 이루게 되었다.

◊ 집씨통이 뭐예요?

"이제 도토리나무들을 돌려보낼 때가 된 거 같아."

"어디로요?"

"도토리나무가 좀 더 행복하게 살 수 있는 곳으로."

"원래 집씨통에 심긴 도토리는 싹을 틔워 이렇게 어린나무가 되면 다시 돌려주어야 하거든."

"근데 선생님! 〈집씨통〉이 뭐예요?"

〈집씨통〉의 의미는 〈집에서 씨앗부터 키우는 통나무〉이다. 〈집씨통〉 활동에 참여 신청을 하면 쓰러진 나무나 정리가 필요한 나무를 활용해 만든 화분에 흙과 도토리 씨앗을 담아 참여자에게 보내준다. 참여자들은 약 100일간 정성껏 기른 어린 나무를 다시 노을공원시민모임으로 보낸다. 이후 이 어린 무들은 노을공원시민모임이 활동하는 공원 '나무자람터'에서 2년간 더 성장한 뒤, '동물이 행복한 숲'에 심어진다.

'집씨통'이 발송되는 과정에서도 종이봉투와 생고무줄, 재활용한 박스로 만든 흙 덮개만 사용하고 돌려보낼 때도 발송 시 사용한 포장재를 그대로 이용함으로써 최대한 환경을 보호하고 쓰레기가 생기지 않도록 하고 있다. 노을공원시민모임이 나무를 심는 곳은 이전에 쓰레기 매립지였다고 한다. 쓰레기 매립지를 덮어 만든 공원에서 13년간 나무를 심고 가꾸는 활동을 노을공원시민모임이 주도하고 있다. 척박한 땅을 숲으로 만들어 가는 그들의 노력은 정말 인상적이었다.

〈집씨통〉이 뭐냐고 묻는 친구의 질문에 참 길게도 대답을 했었더랬다. 그래도 귀담아 들어주는 친구들의 모습을 보며 친구들과 지속적으로 이 활동을 해볼 수 있다는 확신을 갖게 되었다. 그렇게 친구들과 함께 우리 교실에서 자란 첫 번째 어린 도토리나무들을 돌려보내기 위한 포장이 시작되었다. 키가 큰 나무를 뚜껑을 덮어 보내려니 뭔가 잘못하는 것 같아 유튜브를 찾아 포장하는 방법을 익히고 도토리나무의 잎 하나라도 다칠까 정성껏 포장했다.

"도토리야, 잘 가!"

"노을공원에 가서 큰 나무가 되렴. 언젠가 보러 갈게."

우리가 처음 싹틔운 '집씨통'은 친구들의 인사를 받으며 노을공원으로 보내졌다. 이후 3~4달에 한 번씩 우리 반에는 새로운 '집씨통'이 전달되었고 친구들의 손에서 정성껏 키워진 어린 나무들은 다시 노을공원으로 향했다.

◊ 빗물로 가꾸는 우리 교실 도토리 숲

"선생님! 오늘부턴 도토리한테 빗물 주면 되죠?"

식물 키우기가 1인 1역인 친구의 목소리에 생기가 돈다. 5~6월 사이 한동안 비가 내리지 않았다. 그 때문에 받아 둔 빗물을 다 써버려 한동안 도토리에게는 빗물 대신 수돗물을 주게 되었다. 친구들은 빗물을 주어야 도토리가 좀 더 잘 클 텐데 수돗물을 주는 것을 아쉬워했다. 비가 오자마자 친구들이 가장 먼저 한 일은 빗물을 받아 도토리에게 주는 일이었다. 빗물을 받는 것에도 열심이지만 그것을 도토리에게 주는 것도 매우 열심히 했다. 그 덕에 우리 반 집씨통 속 도토리들은 하나도 빠짐없이 싹을 틔워 이제는 꽤 어린나무 티를 내고 있었다.

작년에는 교실이 남향이라 특별히 신경을 쓰지 않아도 도토리가 잘 컸던 것 같은데 올해는 교실이 서향이라 햇빛을 받는 방향에 신경 써야 한다. 그럼에도 불구하고 친구들의 남다른 정성 덕분에 도토리는 잘 자라고 있다. 그래서 올해로 벌써 세 번째 '집씨통'을 분양받아 키우고 있다. 친구들이 '집씨통'을 가꾸기 시작한 것은 〈평화 수업〉 이후였다. 노을공원시민모임을 이끌고 계신 강덕희 활동가님과 김성란 박사님이 우리 반 친구들과 온라인으로 만나 우리가 보낸 '집씨통'이 어떻게 자라고 있는지 노을공원시민모임과 함께한 시민들이 심은 나무들이 어떻게 숲이 되었는지에 대한 이야기를 들려주셨다.

그 이후 친구들은 '집씨통'을 키우는 것이 곧 숲을 만드는 것이라는 점을 깨닫고 '집씨통' 키우기에 더욱 애정을 갖기 시작했다. 그 애정을 드러내는 것이 바로 도토리에게 빗물을 주는 것이다. 우리 반에서는 빗물로 물고기도 키우고, 칠판 지우개도 빨고, 빗물 수업을 할 때 빗물을 사용하는 등 다양한 용도로 빗물을 쓰지만 도토리에게 줄 물을 따로 보관하는 것은 항상 최우선에 두고 있다.

빗물이 식물을 잘 자라게 한다는 것을 우리 친구들은 누구보다 잘 알고 있기에 언젠가 노을공원의 큰 나무가 되어 줄 도토리에게 빗물을 주는 것을 정말 중요한 일이라 여겼다. 그 덕에 우리 반은 씨앗인 도토리가 어린나무가 되어 노을공원으로 돌아갈 때까지 편히 머물수 있는 보금자리가 되었다.

◊ 노을공원을 방문하다

"선생님! 노을공원에서도 빗물로 나무를 키운다는데요?"

우리 반 학급 문고에는 《씨앗부터 천이숲 만들기》라는 책이 꽂혀 있다. 작년 가을, 노을공원시민모임에서 '집씨통'과 함께 보내주신 책이다. 3년 이상 노을공원과 연을 맺으며 '집씨통'을 키워왔지만 노을공원에서 빗물을 사용해 숲을 가꾸고 있다는 것을 알게 된 건 이 책을 통해서였다.

'집씨통'에 키운 도토리나무를 택배로 보낼 때마다 친구들과 노을공원에 직접 가서 나무를 심고 오는 활동을 할 수 있다면 얼마나 좋을까 생각했다. 그런데 노을공원에서도 빗물로 숲을 가꾸고 있다는 것을 알고 나서부터 노을공원을 방문해 공원도 둘러보고 빗물을 어떻게 활용하는지도 볼 수 있으면 좋겠다는 마음이 더 커졌다.

교실에서 키우던 20그루의 도토리나무를 다시 돌려보낼 때가 되었을 즈음, 마침 방학이 다가오고 있었다. 도토리나무도 심고 올 겸, 공원에서 어떻게 빗물을 활용하고 있는지도 살펴볼 겸 20그루의 도토리나무와 함께 노을공원으로 향했다. 노을공원시민모임 아지트에 도착했을 때 강덕희 활동가님과 김성란 박사님께서 반갑게 맞아주셨다. 그리고 숲 만들기 사업이 어떻게 진행되고 있는지 자세히 안내해 주셨다. 여태 노을공원시민모임이라고 해서 노을공원을 위주로 숲

만들기를 한다고 생각했는데 노을공원 아지트를 중심으로 하늘공원
과 노을공원이 각각 자리 잡고 있었고 노을공원시민모임은 두 개의
쓰레기 산이었던 하늘공원과 노을공원을 중심으로 숲 만들기 활동을
이어오고 있다고 하셨다.

"가져오신 나무는 직접 나무자람터에 심고 가시겠어요?"

나무자람터에 가려면 약 4km 정도 산을 올라야 했다. 강덕희 활동
가님을 따라 나무자람터로 향했다. 7월의 노을공원은 과거 쓰레기 산
이었다고는 믿기 어려울 만큼 수풀이 무성하게 자라 있었다.

◊ 쓰레기 산을 되살리는 빗물

"이게 다 빗물이에요."

활동가님은 나무자람터로 향하는 곳곳에 설치된 물통의 밸브를
열어 물이 잘 나오는지 확인하시며 공원에서 빗물을 왜 모으고 어떻
게 활용하고 있는지를 설명해 주셨다. 하늘공원과 노을공원은 매립
지이기 때문에 빗물이 스며들 경우 침출수로 인한 환경오염 문제가
발생할 수 있다. 그래서 빗물이 스며들지 않도록 매립한 쓰레기 위에
플라스틱을 덮고 그 위에 흙을 덮어 공원을 조성했다고 하셨다. 침출
수 발생을 줄이기 위해 빗물이 신속하게 배수될 수 있도록 설계된 공

원에는 물이 늘 귀하다. 그래서 노을공원시민모임이 고민한 물 확보 방법이 바로 빗물 활용이었다.

88m 높이의 취수부 두 곳에 모인 빗물은 관리 도로를 따라 설치된 총 5km에 달하는 급수관을 통해 전달된다. 자연 압력을 통해 빗물이 이동하기 때문에 별도의 에너지를 사용하지 않고도 급수가 가능하다고 한다. 또한, 5t짜리 빗물저금통 31개를 설치하여 총 155t에 달하는 빗물을 저장하고 있었다. 이 빗물은 나무를 심고 가꾸는 것뿐만 아니라 동물 물그릇을 만들어 물이 귀한 공원에서 살아가는 동물들의 마른 목을 축여주는 용도로도 활용되고 있었다.

어린나무들이 잘 자라고 있는지, 빗물 저금통과 동물 물그릇에 이상이 없는지 점검하시는 활동가님의 뒤를 따라가다 보니 어느새 나무자람터에 도착했다.

"나무를 심으시고 이렇게 흙을 꾹꾹 잘 눌러주셔야 해요. 간격은 이렇게 유지하시고요."

활동가님은 나무자람터에서 나무를 심는 시범을 보여주셨다. 약 3달 동안 우리 교실에서 키운 어린 도토리나무들을 활동가님이 알려주신 방법으로 정성껏 나무자람터에 심

4장

었다. 빗물을 듬뿍 주는 것으로 나무 심기를 마무리했다.

나무자람터에 있는 빗물 저금통에는 '빗물이 보물이다'라는 문구가 쓰여 있었다. 우리 반 친구들에게도 빗물은 보물 같은 존재다.

빗물은 도토리를 싹 틔우고, 금붕어를 키우는 물이 되어 주며, 빗물 수업의 중요한 재료로 활용되기 때문이다. 우리 반 친구들에게 빗물이 보물인 것처럼 노을공원시민모임에게도 빗물은 소중한 존재였다.

척박한 쓰레기 산, 생명이라고는 살지 못할 것 같던 땅에 숲이 우거지고 동물들이 이곳을 보금자리 삼아 살아가는 데 빗물이 중요한 역할을 하고 있기 때문이다. 이렇게 노을공원시민모임은 쓰레기 산이었던 하늘공원과 노을공원을 빗물로 되살리고 있었다.

◊ 우리 반 도토리들은 매일 노을공원으로 향하는 중

"선생님! 집씨통이 새로 왔네요. 벌써 도토리에서 싹도 났어요."

개학 날, 교실은 여름방학을 보내고 돌아온 친구들로 활기를 되찾았다. 지난 7월 노을공원을 다녀오며 새롭게 분양받은 집씨통 안의 도토리들이 뾰족한 싹을 내기 시작한 것을 한 친구가 발견했다. 도토리를 심고 나면 오랜 기다림이 시작된다. 도토리는 강낭콩이나 봉숭

아처럼 심고 나서 며칠 만에 싹이 올라오지 않는다. 뿌리를 땅 깊이까지 뻗은 후, 잎을 내어도 되겠다고 판단되면 그제야 조그마한 잎을 펼쳐내기 시작한다.

"언제 싹이 날까요?"

도토리가 싹을 낼 때까지 조바심을 내곤 했는데 새로 만난 집씨통에서 벌써 도토리를 내고 있는 것이 신기해서인지 친구들은 집씨통 근처를 한동안 떠나지 못했다.

지난번 노을공원을 방문했을 때 김성란 박사님께서 친구들에게 나누어 주라고 간식을 선물로 주셨다. 친구들과 그 간식을 나누며 노을공원을 방문해 집씨통에서 자란 작은 도토리나무를 나무자람터에 심은 이야기, 쓰레기 산이었던 노을공원과 하늘공원이 어떻게 변해 가고 있는지에 대한 이야기 그리고 나무를 키울 때 빗물을 사용한다는 이야기를 들려주었다.

"선생님! 그러면 도토리나무를 많이 보내줄수록 공원이 더 빨리 숲이 되겠네요."

"그렇다면 우리 모두 도토리나무를 하나씩 심어서 보내주는 건 어때요?"

"좋아요! 우리 반에서 키우는 도토리는 씨앗부터 빗물로 키우니 더 건강할 거예요."

친구들의 제안으로 우리 반에는 집씨통을 포함해 총 28개의 도토

4장

리 화분이 창가에 나란히 자리 잡게 되었다.

"선생님! 이제 도토리에서 뿌리가 나오기 시작했어요. 조금만 더 기다리면 싹이 나겠죠?"

올 가을에는 노을공원으로 분양받은 집씨통의 개수보다 훨씬 많은 어린 도토리나무들을 보낼 수 있을 것 같다. 도토리들은 친구들의 애정 어린 관심과 정성스럽게 받은 빗물을 머금으며 노을공원에 자리 잡을 준비를 하고 있다. 그렇게 우리 반 도토리들은 매일 노을공원으로 향하고 있는 중이다.

계속되는 빗물 수업 이야기

2학기가 시작되며 우리 교실은 다시 빗물 수업으로 활기를 띠고 있다. 비가 오는 날 아침이면 우리는 빗물을 받아 빗물 항아리를 채운다. 이 빗물은 도토리와 금붕어를 키우는 데 사용되고 빗물의 가치를 알리기 위한 홍보 행사에서도 중요한 역할을 할 예정이다.

이번 학기에는 특히 도토리 키우기에 집중하고 있다. 친구들은 분양받은 집씨통뿐만 아니라 각자 1~2개의 개인 화분을 가꾸고 있다. 더 많은 나무를 노을공원과 하늘공원에 보내어 숲을 더욱 울창하게 만들고자 하는 마음에서다. 친구들은 도토리 화분마다 이름을 지어주고 매일 그 이름을 부르며 정성껏 빗물로 키우고 있다. 이 작은 씨앗들이 언젠가 울창한 숲을 이루어 우리의 환경을 변화시킬 것을 기대하며 우리는 이 과정의 소중함을 깊이 느끼고 있다.

또한 빗물을 이용한 천연 염색으로 만든 작품들이 하나둘씩 모이고 있다. 이 작품들을 활용해 바자회를 열 계획인데 어떤 형태의 바자회가 될지, 그 수익이 어떤 단체에 기부될지 등 이 모든 과정에서 친구들이 어떤 생각을 하고 어떻게 성장해 갈지 기대된다. 아이들이 직접 만든 작품을 소개하고 판매하는 경험은 그들에게 새로운 성장의 기회를 제공할 것이다. 이 과정에서 친구들은 빗물 활용의 가치만을 배우는 것이 아니라 그 가치를 사회에 환원하며 세상을 따뜻하게 하는 손길을 내미는 의미 있는 경험도 마주하게 될 것이다.

빗물 수업은 매년 반복되지만 친구들의 질문과 관심사에 따라 수업의 내용은 항상 새롭고 다채롭게 변한다. 같은 주제라 하더라도 매년 아이들의 개성에 따라 빗물 수업은 각기 다른 색을 띠게 된다. 무엇보다도 빗물에 대한 오해와 편견을 극복하고 아이들이 빗물과 친숙해지는 모습을 지켜보는 것은 교사로서 가장 큰 보람이다. 이러한 친숙함이 빗물 수업에 새로운 활력을 불어넣고 있다.

이번 학기에도 친구들이 빗물을 통해 어떤 새로운 풍경을 그려낼지 기대된다. 이들이 빗물 수업을 통해 다양한 세상을 만나고 기후 위기라는 이 시대를 살아가며 미래를 이끌어 갈 인재로 성장해 가기를 바란다. 이 수업을 통해 아이들이 새로운 대안을 제시할 수 있는 누군가로 자라날 것을 기대하며 우리 교실에서는 다시 한 번 빗물의 마법이 펼쳐지고 있다. 이런 만남을 통해 우리 아이들은 조금씩, 그러나 확실하게 변화하고 있다.

이 책의 마침표는 또 다른 시작을 의미한다. 새롭게 시작된 2학기의 빗물 수업이 우리 친구들에게 어떤 영감을 줄지 그리고 그들은 이 수업을 통해 어떤 성장을 이루게 될지 기대된다. 빗물 수업을 통해 아이들이 더욱 넓은 세상을 만나고 그 만남 속에서 새로운 미래를 만들어 갈 한 사람으로 성장해 가기를 기대한다.